機械材料の物性と応用

岩森 暁 著 Satoru Iwamori

技報堂出版

◎まえがき

産業革命以降，今日に至るまで，機械工学，機械産業は，目覚しい発展を遂げてきた。自動車，航空機から電子機器，医療機器，ロボットに至るまで，現代のわれわれにとって，「機械」の存在しない生活は考えられない。

機械工学，機械産業を支える基盤のひとつが「機械材料」である。「機械材料」は，機械の構成部材の要求性能を満たした材料のことで，機械に必要とされる機能，機械強度，使用環境などを考慮して，それぞれの機械に最適な材料を選定しなければならない。新たな機械製品開発をめざす機械技術者には，「材料」に関する知識を養い，「材料」の性質や特徴を考慮して，材料科学的視点でものごとをとらえることが要求されているのである。

金属，セラミックスやプラスチックなど，いわゆる「三大材料」といわれるものすべてが機械材料になる。これら材料は単独で用いるだけでなく，異なる特性の材料を組み合せることで，材料のもつ機能を飛躍的に向上させることが可能であり，実際に数多くの応用例がある。

本書は，機械技術者を目指す学生向けに，これら「三大材料」の基本特性 (物性) や加工技術について述べるとともに，「材料」の加工技術やその応用例についても解説した。特に，材料の物性を語る上で重要な物質の分子構造など，機械系の学生にはあまり馴染みのない化学的な特性も記載するように心がけた。

前半の第 1 章から第 4 章までは，機械材料に関して機械系の学生が学ぶべき基本項目を広く網羅することを心がけ，後半の第 5 章から第 8 章では，それらの応用例をとりあげた。

具体的には，第 1 章では，鉄鋼材料と非鉄鋼材料の特性と塑性加工技術について，第 2 章では，セラミックス材料の基本物性と力学的特性および応用技術などについて，第 3 章では，高分子材料の基本物性と力学的特性について，第 4 章では，複合材料の基本物性と製造技術などについて解説した。

第 5 章では，異なる材料を組み合せて使用する場合の接着技術について解説した。第 6 章では，これら材料の応用技術として，半導体を中心とした電子材料と，これら製造・加工技術である薄膜形成技術，微細加工技術について解説するとともに，これら技術のディスプレイへの応用例を紹介した。第 7 章では，医用材料について材料の種類と適用例などについて解説した。第 8 章では，われわれを取り巻く地球環境問題と，地球環境に優しい材料開発について，代表例を紹介した。

「機械材料」に関する教科書は種々のものがあるが，材料の物性から加工技術，応用例に至るまで，基礎的な内容から応用まで取り扱う書籍は多くはない。本書は，それぞれの分野における優れた専門書や著者の知識や経験などを基に，「機械工学」を学ぶ学生や機械系の研究開発に携わる若手研究者などに，理解しておいてもらいたいこと，知っておいてもらいたいことを広く集めてまとめたつもりである。

本書には，材料の物性値などを極力記載するように心がけたが，これは，それぞれの材料の物性値を一つ一つ暗記して欲しいということではなく，これら物性データを基に，それぞれの材料の特徴を理解して欲しいということである。さらに近い将来，「これら材料を実際に使用する際に参考となるように」との意味もある。したがって，機械系学部に所属する大学生，大学院生の教科書として使用されるべく執筆されているが，企業で活躍されている機械エンジニアの方にも，是非ご一読いただければ幸いである。

最後に，本書の出版に際し，技報堂出版株式会社の小巻愼氏・天野重雄氏ならびに編集部の皆様には出版編集上，格別のご配慮を戴いた。ここに記して感謝の意を表します。

2006 年 6 月

岩　森　　暁

◎目次

第1章　金属材料

金属は，つぎのような性質を有する物質の総称である。

水銀を除き常温では固体である，自由電子をもつため導体である，自由電子が光を吸収せず，反射するため金属光沢を有し不透明である，固体では結晶構造をとる，硬度が高い，弾性がある，などである。

ここでは，機械材料として多く用いられる鉄鋼材料と，それ以外の金属材料 (非鉄金属材料) に分けて述べるとともに，金属材料の加工についても述べる。

1.1　鉄 鋼 材 料

1.1.1　鉄 の 性 質

鉄は地球上に広範囲で，大量に存在する元素の一つである。鉄は光沢を有した延性，展性に富む金属であり，鉄の化合物は土壌，岩石，鉱物中に存在する。主な鉱物は赤鉄鋼，磁鉄鋼，褐鉄鋼などの鉄鉱石であり，砂鉄は主として磁鉄鋼の微粒子からなる。鉄鉱石を溶鉱炉で精錬して銑鉄 (pig iron：溶鉱炉で鉄鉱石を還元して得られる鉄で，数％の炭素のほか，マンガン・ケイ素・リン・硫黄などの不純物を含む) をつくる。銑鉄に含まれるこれら不純物は，原料鉱石中に含まれているものが完全に除去されないか製銑工程で混入したものである。炭素鋼は鉄と炭素の合金である。炭素 0.02％以下のものを純鉄 (iron)，炭素 0.02～2.14％を含むものを炭素鋼 (steel)，炭素 2.14～6.67％を含むものを鋳鉄 (cast iron) という。炭素鋼がもっとも有用な機械材料の一つであるのは低価格であることに加え，熱処理や加工によって優れた機械特性を発現できるためである。

鉄の構造は α，γ，δ の同素体があり，室温では体心立方構造 (α–鉄) であるが，加熱すると 911°C で面心立方構造 (γ–鉄) になり，さらに加熱し，1392°C でふたたび体心立方構造 (γ–鉄) をとる。また，室温では強磁性体であるが，加熱すると 769°C で常磁性体となる。これを β–鉄ということもある。α–鉄，γ–鉄，δ–

鉄に炭素が固溶したものをフェライト (ferrite)，オーステナイト (austenite)，δ–フェライト (δ–ferrite) という。α–鉄を加熱したときに，長さおよび磁性の急激な変化を示す温度がある。前述のように 769°C(これを A2 点という) で磁気の強度が大きく変り，911°C(これを A3 点という) において長さの急激な減少，および 1392°C(これを A4 点という) において長さの急激な増加がみられる。A2 変態を磁気変態，A3 および A4 変態を同素変態という。A2 変態では，結晶構造は変化しないが，A3 変態では α–鉄から γ–鉄へ，A4 変態では γ–鉄から δ–鉄へと結晶構造が変化する。これら α–鉄，γ–鉄，δ–鉄は，炭素を固溶し，鉄の結晶格子の隙間に炭素原子が入り込んだ侵入型の固溶体である。鉄は塩素や硫黄，りんとは激しく反応し，また，炭素やケイ素とは反応して化合物を形成するが，窒素とは反応しにくい。鉄は，主に，炭素，マンガン，クロム，ニッケル等と合金を形成する。

鉄や鋼は他の金属材料に比べて機械強度，硬さ，靭性が大きく，機械材料としてもっともよく用いられている。鋼は，一般に延性・展性に優れ，熱間・冷間での塑性加工が可能である。鋳鉄は，強度・靭性に劣り，塑性加工は困難であるが，鋳造性に優れている。

1.1.2 炭 素 鋼

炭素鋼は合金硬でない鋼であり，鋼に含まれる炭素含有量によってその機械的性質が異なる。炭素含有量は最大 2.14 %である。一般的によく使用される鉄鋼材料であり，「鉄鋼材料」という場合は通常，炭素鋼を指す。炭素含有量が 0.25 %以下の炭素鋼を低炭素鋼，0.25～0.6 %の炭素鋼を中炭素鋼，0.6 %以上の炭素鋼を高炭素鋼といい，炭素含有量が高くなるに連れて硬くなる性質がある。さらに，硬さでより細かく分類すると，炭素含有量が 0.1 %以下のものを極軟鋼，0.1～0.3 %のものを軟鋼，0.3～0.5 %のものを半硬鋼，0.5～0.8 %のものを硬鋼，0.8 %以上のものを最硬鋼という。炭素含有量が高いものは強度が高く，延性は低い。炭素鋼の分類を**表 1.1** に示した。

金属学的には炭素の含有量が 0.02～0.8 %の炭素鋼を亜共析鋼といい，亜共析鋼は含有する炭素の量が多いほど引張強さ，硬度などの機械強度が上昇する一方，炭素量が多いほど，延性は低下する。一般的に，強度と延性は反比例の関係があり，両方を高レベルで兼ね備えることは難しい。また，炭素含有量が 0.8 %の炭素鋼を共析鋼 (パーライト) といい，0.8～2.14 %の炭素鋼を過共析鋼という。

図 1.1 に鉄 (Fe) −炭素 (C) 系平衡状態図を示す。**図 1.1** の網かけの領域，すな

表 **1.1**　炭素鋼の分類

炭素鋼の分類	炭素含有量(%)	機械的な名称	硬さ	主な用途
低炭素鋼 (〜0.25%)	〜0.1	極軟鋼	軟らかい ↑	構造用材料 (圧延鋼材，鍛造部品など)
	0.1〜0.3	軟鋼		
中炭素鋼 (0.25〜0.6%)	0.3〜0.5	半硬鋼		
	0.5〜0.8	硬鋼		
高炭素鋼 (0.6%〜)	0.8〜	最硬鋼	↓ 硬い	工具用材料

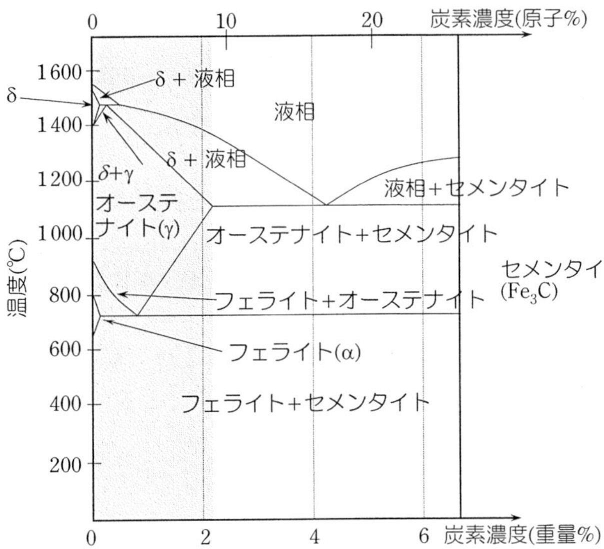

図 **1.1**　鉄 (Fe)–炭素 (C) 系平衡状態図

わち炭素含有量が0.02〜2.14(重量％) の領域が炭素鋼である。α–鉄 (フェライト) は，723°C で最大 0.02％(固溶限界) の炭素を固溶した強磁性体である。固溶限界以上の炭素は Fe_3C(セメンタイト) として存在する。セメンタイトは 6.67％の炭素を含み，きわめてもろい化合物である。これに対し，γ–鉄 (オーステナイト) 中への炭素の固溶限界は高く，最大で 2.14％であり，常磁性体である。γ–鉄は 0.09(重量％) が固溶限界である。以上の単相領域のほかに，フェライト+オーステナイト，フェライト+セメンタイト，オーステナイト+セメンタイトなどの2相領域が存在する。

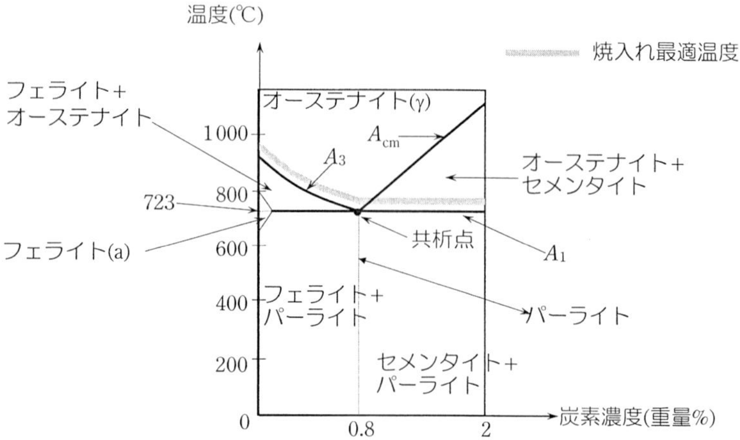

図 **1.2**　炭素鋼の平衡状態図

図 **1.2** は，図 **1.1** に示した炭素鋼の平衡状態図を抜き出したものである。炭素含有量が約 0.8％において，オーステナイト (γ) からゆっくり冷却していくと，723°C にてフェライト (α) とセメンタイト (Fe_3C) が交互に配列される構造が現れる。フェライトとセメンタイトの共析晶をパーライトといい，この時の炭素濃度 (約 0.8％) と温度 (723°C) を共析点という。共析とは，ある固体の 1 相が変態によって 2 相を生じる反応 (これらの相では平衡状態をとる) をいう。図 **1.3** は，パーライト組織の模式図である。

セメンタイトとフェライトが交互に層状構造を呈しており，断面を顕微鏡で観

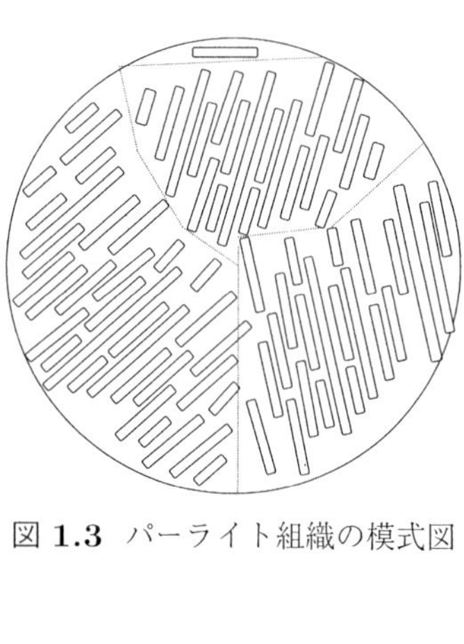

図 **1.3**　パーライト組織の模式図

察すると，真珠のように輝いて見えることから，パーライトと名づけられている。**表 1.2** にフェライト，セメンタイト，パーライトの機械強度を示した。

表 1.2　炭素鋼の各層の機械強度

	フェライト	セメンタイト	パーライト
硬さ(HB)	90	600～700	200
引張り強さ(kgf/mm²)	30	700	90
伸び(%)	40	0	15

前述のように炭素の量が多いセメンタイトは引張強さ，硬度が高いが，ほとんど伸び (延性) がない。フェライトは引張強さ，硬度は低いが，伸びがある。パーライトはフェライトとセメンタイトが混ざった組織であるので，機械物性はこれらの間の値を示す。

これら 2 相領域では平衡状態にある 2 相が，てこの関係に則した割合で存在する。いま，**図 1.4** に示すような X と Y という 2 種類の成分からなる系 (X–Y) があるとする。 液体状態にある 2 相系 X–Y で徐々に温度を下げていくと，温度 T_1 で凝固が始まり，さらに温度を下げて，温度 T_3 では液相線と固相線と温度 T_3 の交点，すなわち L_3 と S_3 で固溶体を形成し平衡状態になる。このときの 2 相の量比はてこの関係によって決り，液相 : 固相 $= (A - S_3) : (L_3 - A)$ である。温度

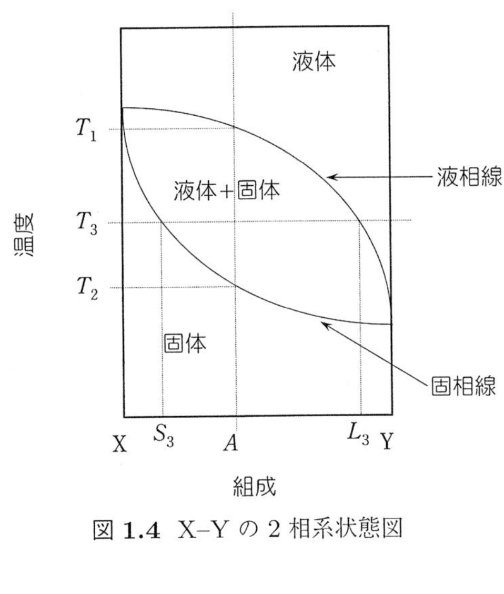

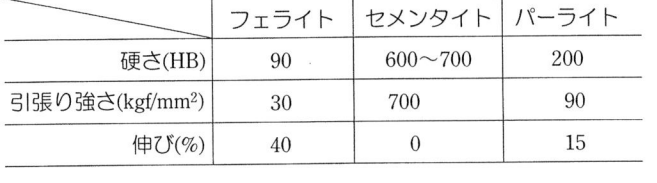

図 **1.4**　X–Y の 2 相系状態図

T_3 から温度を下げていくと液相と，固相はそれぞれ液相線，固相線に沿って濃度が変化する。すなわち，固相の濃度は増加し，液相の濃度は減少する。

1.1.3　炭素鋼の熱処理

構造部材用の炭素鋼は圧延または鍛造してそのまま用いるが，炭素含有量 0.3～0.6 %の炭素鋼は，焼入れを行った後に焼き戻しを行うことで硬さと靭性を高めている。このように，炭素鋼に機械強度などの特性を改善するのに鋼を加熱したり，冷却したりすることを熱処理という。熱処理は大きく分けて，焼入れ，焼戻し，焼なまし，焼ならしの 4 つに大別される。

(1) 焼入れ (quenching)

焼入れは炭素鋼の硬度を高めるための処理で，ある温度範囲に加熱して一様なオーステナイト組織を形成した後に急冷してする操作をいう。オーステナイトを急冷すると，マルテンサイトといわれる笹の葉状組織となる。マルテンサイト組織の炭素鋼は非常に硬いが展延性がなくもろいので，焼入れは刃物など高硬度の鋼を得るために行われる代表的な熱処理である。

亜共析鋼の場合，焼入れ温度は A_3 点よりも 30～50°C 高い温度が最適条件となる (図 **1.2** の網かけ部)。A_3 点以下の温度ではフェライトが析出しており，焼入れを行ってもすべてがマルテンサイトにならず，十分な硬度が得られない。過共析鋼の場合は A_1 点よりも 30～50°C 高い温度が最適条件となる (図 **1.2** の網かけ部)。急冷するには通常，水や油に浸漬する (水焼入れ，油焼入れ) ことにより行う。ただし，高炭素鋼を水焼入れすると急激な冷却による熱応力などが原因で焼割れが生じるため，一般に油焼入れを採用している。

焼入れには炭素鋼の表面のみを硬化する方法があり，代表的な 2 つの方法について述べる。炭素鋼の表面のみを焼入れし硬化させる方法の一つとして，高周波焼入れがある。これは，図 **1.5** に示すように，炭素鋼の外周に誘導コイルを配置し，高周波電流 (交流) を流すと高周波磁束が発生し，この磁束が炭素鋼を貫通すると，非常に高い電流 (うず電流) を誘導して炭素鋼表面にジュール熱が発生し，自己発熱する。

この熱で表面付近のみを急速に加熱して表面のみを焼入れする方法である。もう一つの方法は浸炭焼入れがある。図 **1.6** に示すように，低炭素鋼を浸炭剤中で 900°C 以上に加熱すると，炭素が拡散して炭素鋼表面層の炭素含有量が多くなる。これを焼入れすると浸炭層が硬化して耐摩耗性に優れた表面となる。炭素鋼内部は低炭素鋼のままであるから，靭性に富み，かつ硬度の高い製品が得られる。浸

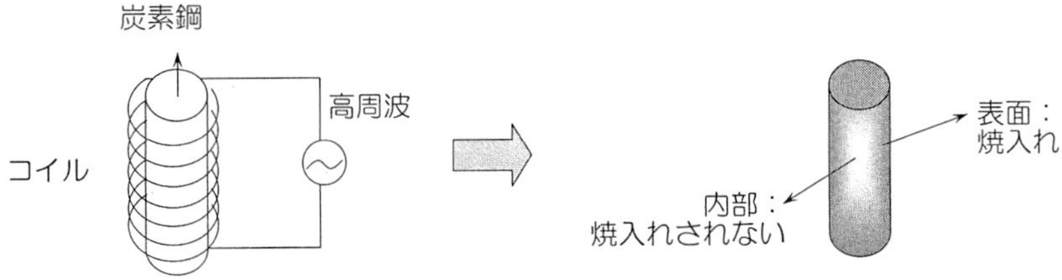

図 **1.5**　高周波誘導加熱による表面焼入れ

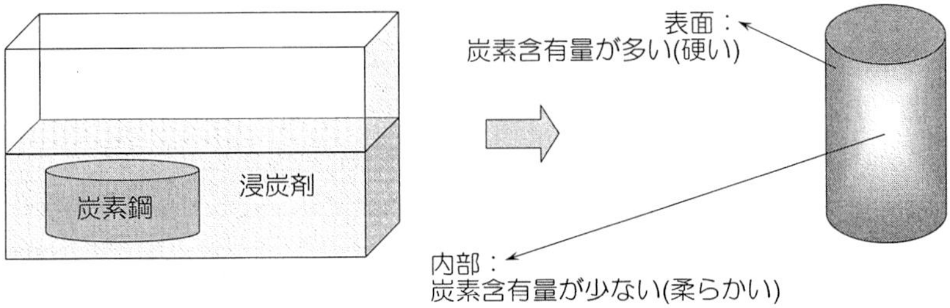

図 **1.6**　浸炭剤による表面焼入れ

炭焼入れはシャフトや歯車などの小型の機械部品や自動車部品，大型の機械部品まで広く応用されている。これ以外にも，炭素鋼をアンモニアなど窒素を有するガス中で 500～550°C に加熱処理することで，炭素鋼表面に窒素を導入することで硬い窒化物層を形成する表面硬化法もある。

これら焼入れは高温での熱処理であるため，大気中の酸素や水と鉄が反応して酸化し，表面に酸化膜を生成する。これを防ぐために不活性ガス中で焼入れを行うこともある。

高炭素鋼を高い温度 (図 **1.2** の A_{cm} 以上の温度) で焼入れを行うとオーステナイトの一部が未変態で残留するため，硬度は低下する。これを残留オーステナイトといい，室温に放置すると時間の経過とともに徐々にマルテンサイトに変態し，膨張する。焼入れを行った直後に室温以下に，たとえば，ドライアイスなどを用いて冷却することを，深冷処理 (あるいはサブゼロ処理) という。すなわち，深冷処理とは，焼入れ後の残留オーステナイトをマルテンサイトに変態させるために行う熱処理のことをいい，焼入れされた鋼を 0°C 以下の低温 (約 −80°C が一般的) で一定時間保持し，高強度化を図るための熱処理のことである。

(2)　焼戻し (tempering)

炭素鋼は，マルテンサイト組織のままではもろいため，再度 200°C～600°C 程度に加熱し，焼戻しを行う。焼入れした炭素鋼を再加熱すると，不安定なマルテンサイトは，分解して余分な炭素をセメンタイトとして析出することで安定状態になる。マルテンサイトを150°C前後に加熱すると，微細な粒子のセメンタイトを析出すると同時に，マルテンサイトの炭素濃度は0.25％程度にまで低下する。マルテンサイトは，250～400°Cではさらに炭素濃度は低下し，トルースタイトというきわめて腐食されやすい組織となる。500～600°Cではセメンタイトはしだいに凝集して大きくなり，硬さは低下し靭性は増加する。このときの組織を焼戻しソルバイトという。この焼戻しによりマルテンサイト組織は粘りを有するソルバイト組織に変態する。したがって，通常焼入れと焼戻しはセットで行われる。

(3) 焼なまし (annealing)

金属製品は加工の工程で，加工硬化が起きたり残留応力が発生したりしている。焼なましは，金属組織の格子欠陥を減少させ，再結晶化を起して組織を均質化し，残留応力を低減することで金属を軟化させる。焼なましは，炭素鋼などの金属材料を適当な温度に加熱し，その後徐冷する熱処理で，その目的により保持温度と冷却速度が異なったいくつかの種類に分けられる。

完全焼なましは，炭素鋼を再結晶温度以上に保った後に徐冷することによって，結晶組織を調整し，軟化して塑性加工性の改善を図ることを目的としている。完全焼なましにより内部応力のない組織にして材料を軟化させる。

球状化焼なましは，オーステナイト組織にした炭素鋼を急冷することにより，組織内部の炭化物を層状から球状に変化させる処理で，焼割れし難く，靭性が向上し，塑性加工性も向上する。炭素鋼工具の加工前に行われる熱処理である。

このほか，炭素鋼を，変態点以下の適当な温度に加熱した後冷却することで残留応力を除去する応力除去焼なましや，冷間加工を継続するための軟化の目的で行う中間焼なましなどがある。

(4) 焼ならし (normalizing)

圧延・鋳造，鍛造などで製造された製品内部の残留応力を除去したり，あるいは粗大化した結晶粒を微細化したりすることである。靭性や機械的性質の改善を目的としたもので，炭素鋼の場合，800～900°Cまで加熱して均一オーステナイト組織にした後，大気中で放冷 (空冷) する熱処理である。

1.1.4 鋳　　鉄

鋳鉄は，炭素およびケイ素 (Si) を主成分とした，炭素含有量が2.14～6.67％の鉄合金である。炭素やケイ素以外にマンガン，リン，硫黄などが含まれる。鋳鉄中の炭素は，フェライト中に固溶しているものや，鉄との化合物 (セメンタイト) を形成しているものがあるが，残りの炭素は遊離炭素 (黒鉛) として存在する。このうち，フェライトと固溶している炭素はごくわずかであるため，鋳鉄中に含まれる炭素は，セメンタイトとして存在する分と黒鉛として遊離している分を合せて全炭素量という。

鋳鉄は，同一の組成であっても冷却速度によって組織が異なる。フェライトと黒鉛 (フェライト鋳鉄)，あるいはパーライトと黒鉛 (パーライト鋳鉄)，あるいはフェライトとパーライトと黒鉛からなるねずみ鋳鉄，パーライトとセメンタイトからなる白鋳鉄，ねずみ鋳鉄と白鋳鉄が混ざったまだら鋳鉄がある。

ねずみ鋳鉄中の黒鉛は花片が集合したような形をしているので，片状黒鉛という。片状黒鉛を含む鋳鉄は振動を吸収する能力 (減衰能) に優れる。さらに，黒鉛は潤滑特性，熱伝導性が良く，弾性係数があまり高くないなどの理由で耐摩耗性材料として用いられる。たとえば，軸受，歯車，ブレーキシューなど耐摩耗部品として使用されている。

鋳鉄の組織は黒鉛組織と基地組織に大別され，鋳鉄の物理的・化学的特性はこれら組織の特性に依存する。一般的な鋳鉄では，黒鉛は前述にように片状で存在しており，黒鉛は，強度，延性に乏しく，鋳物全体の強度，延性，靭性を低下させている。黒鉛を小さい球状に晶出させた鋳鉄を球状黒鉛鋳鉄といい，黒鉛の形状が球状に近いほど機械的性質 (引張り強度や伸び) が優れ，炭素鋼に匹敵する強度を有しており，靭性にも優れることから，鋳鉄管や自動車のエンジンに使われている。

片状黒鉛鋳鉄や球状黒鉛鋳鉄にニッケル，クロム，モリブデン，バナジウム，マンガン，シリコン，アルミニウム，銅などの合金元素を添加することによって基地の物性を大幅に変え，耐熱性や耐食性の向上を図ることができる。

1.2　非鉄金属材料

1.2.1　銅および銅合金

（1）銅

銅は赤色金属で，光沢を有した面心立方格子の結晶構造を有する金属である。可鍛性 (外力によって壊れることなく変形し，強度や靭性を向上させる性質のこと) や展延性に優れ，熱伝導性が良く，電気伝導性は銀についで良い。**表 1.3** に

表 1.3 銅の物性値

融点	1083℃
沸点	2595℃
比重	8.94 g/cm^3
線膨張係数	1.65×10^{-5}/K(20℃)
熱伝導率	401 W/(m·K)(27℃)
比熱	385 J/(kg·K)(25℃)
電気抵抗率	1.68×10^{-8}Ω·m(20℃)
モース硬度	3.0(20℃)
引張強さ	207 MPa

銅の物性値を示す。

銅は，電線や電子機器の導線，建築用材料のほか，黄銅 (銅と亜鉛の合金で真鋳ともいわれている) や青銅 (銅と錫の合金)，アルミニウム青銅などの合金としての用途がある。

工業用に用いられている純銅には，たとえば以下のようなものがある。

タフピッチ銅 不純物として 0.03％程度の酸素を酸化第一銅 (Cu_2O) の形で含んでいるが，電解銅の中に固溶している不純物が酸化除去されているため，電気伝導性，熱伝導性に優れている。タフピッチ銅は，電線，建築用，化学工業用などに広く利用されている。ただし，酸化第一銅を不純物として含むために，水素による加熱・還元で生じる水蒸気の気泡が結晶粒界中に生じることで，水素脆化を起す。

リン酸脱離銅 リンを添加することにより酸素を除去しているので，水素脆化は起さない。ただし，リンが不純物として残留するので，導電性に難があり，導電性材料として用いられない。

無酸素銅 タフピッチ銅を真空中で溶解して酸素含有量を極端に低下させたものが無酸素銅であり，タフピッチ銅，リン酸脱離銅の欠点を補っている。

(2) 銅合金

銅は，他の元素と銅合金をつくりやすい。とくに，亜鉛，スズ，アルミニウム，ニッケルとの合金は黄銅，青銅，アルミニウム青銅，ニッケル青銅といわれ，銅の種々の特性が改善されている。

黄銅は，亜鉛を 30～40％程度含むものがよく用いられる。銅と亜鉛の割合によって，六四黄銅，七三黄銅などといわれ，六四黄銅では黄金色に近い黄色を呈しているが，亜鉛の割合が多くなるにつれて色が薄くなり，少なくなるにつれて赤みを帯びる。亜鉛が20％未満のものを丹銅という。丹銅は，展延性・絞り加工性・耐食性に優れているので，建材，装身具などに用いられる。黄銅は，亜鉛の含有量によってその機械特性は大きく変化する。一般に，亜鉛の割合が増すごとに硬度を増すが，もろさも増すため，45％以上では実用に耐えない。黄銅はバルブや軸受などに使用されている。

青銅は，一般に緑色であるが，本来の青銅は光沢ある金属で，その色は添加物などによって変えることができる。たとえば，アンモニアを塗布するなどの方法で着色されている。青銅は，大気中で徐々に酸化されて表面に炭酸塩を生じ緑青となる。そのため，年月を経た青銅器は青緑色，すなわち青銅色になる。青銅には，適度な展延性と，鋳造に適した融点の低さや流動性があり，鉄が普及する以前にはもっとも広く利用された金属であった。また，スズの含有量によって硬度が変る。スズ含有量が少ないと柔らかくて展延性があり，多いと硬度が増す。青銅は，たとえば，軸受などに用いられる。

白銅は，ニッケルを10～30％含む合金である。ニッケルの含有量が20％をこえると銀に似た白い輝きを呈するので，銀の代用品として貨幣などに使われる。ニッケルの含有量が増大するにつれて耐食性と強度が増す。また，0.5～2％の鉄を添加した合金は海水に対する耐食性が高く，海水淡水化の設備や船舶関連の部品に多く使用されているほか，貨幣にも使用されている。

アルミニウム青銅は，アルミニウムを12％以下添加したものが実用化されている。黄銅，青銅に比べて伸びや引張り強さが大きく，耐摩耗性や耐食性などに優れている。

コンスタンタン (Constantan) は，銅55％，ニッケル45％の組成からなる合金である。ニッケルの比率を変化させると，約ニッケル50％の付近で電気抵抗値が最高値を示し，抵抗の温度係数が最低になり，熱起電力が最低になる。電気抵抗の温度係数が小さいことから，ひずみゲージや精密抵抗に使われる。さらに，熱起電力が低いことから熱電対としても用いられる。熱電対の場合，コンスタンタンに対して銅や鉄などを用いる。

1.2.2 アルミニウムおよびアルミニウム合金

アルミニウムは，地球表面に非常に多く存在する金属の一つで，アルミニウムケイ酸塩という形で地球上のあらゆる土壌に含まれている。アルミニウムは，ボーキサイトを原料として，そこから酸化アルミニウムをつくり，溶融電解により精製される。

アルミニウムは，鉄に次いで第 2 位の生産量であり，自転車，自動車部品，建築内外装材，化学装置，航空機や船舶の構造材料，電子部品や光学精密機器，化粧品・文具・筆記具・ライター・小物等の装飾品や，食品容器および箔など，さまざまな分野で応用されている。

アルミニウムは軽く，加工が容易であり，さらに，表面に形成される酸化皮膜により耐食性にも優れていることから，一円硬貨やアルミホイル，アルミ缶，アルミサッシ，電車や自動車の車体など，さまざまな用途に使用されている。また，アルミニウム単体としてではなく，ジュラルミンなどの軽合金としても利用されている。

（1）アルミニウム

白銀色の柔らかい金属で，面心立方格子の結晶構造をもつ。展性・延性に富み，熱伝導性が良い。電気伝導性も良く，電磁波シールドを有する。また，光の反射率も高い。**表 1.4** にアルミニウムの物性値を示す。とくに，比重は小さく，マグネシウム，ベリリウムについで小さく，鉄の約 1/3 である。

空気中では表面に酸化物の薄い膜（アルマイト）を形成して光沢を失うが，内部は侵されず，耐食性が良い。アルミニウムの粉末は 400°C で急激に酸化され，燃焼する。また，ハロゲン元素と激しく反応し，ハロゲン化物をつくる。酸には可溶であり，アルカリには水素を出して溶け，アルミン酸塩をつくる。また，成形

表 1.4　アルミニウムの物性値

融点	660℃
沸点	2467℃
比重	2.70g/cm^3
線膨張係数	2.24×10^{-5}/K(20℃)
熱伝導率	237W/(m·K)(27℃)
比熱	897J/(kg·K)(25℃)
電気抵抗率	2.65×10^{-8}Ω·m(20℃)
モース硬度	2〜2.9(20℃)
引張強さ	207MPa

加工性に優れ，リサイクルが可能で経済効率性が高いのも大きな特徴である。

(2) アルミニウム合金

アルミニウムの機械的な強度を高めるなどの目的で，銅，シリコン，マグネシウム，亜鉛などとのアルミニウム合金が用いられている。アルミニウム合金は，板材や押出形材などに用いられる展伸用合金と，金型などに用いられる鋳造用合金に大別される。また，これら合金はそれぞれ，製造工程において熱処理により強化される熱処理型合金と，そうでない非熱処理型合金に分けられる。

アルミニウムに約4％の銅を添加したアルミニウム–銅合金は，伸びと強度が大きい鋳物材であるが，鋳造性に難がある。これにシリコンを4～7％程度添加すると，ピンホールや鋳造割れの発生しにくい合金になる。アルミニウム–銅系，アルミニウム–銅–マグネシウム (銅4％，マグネシウム0.5％) 系合金は，ジュラルミンとよばれ，さらに，マグネシウムの含有量を増やした合金 (銅4.5％，マグネシウム1.5％) は，「超ジュラルミン」とよばれ，航空機などに高強度合金として使用されている。さらに，亜鉛を添加した合金 (亜鉛5.5％，マグネシウム2.5％，銅1.6％) は，「超々ジュラルミン」とよばれ，超ジュラルミンよりもさらに引張り強度が高く，航空機やスポーツ用品に用いられている。

アルミニウムとシリコンの合金 (アルミニウム–シリコン，アルミニウム–シリコン–銅合金) は，配線材料として用いられており，アルミニウムを合金化することでエレクトロマイグレーションの防止を図っている。

1.2.3　チタンおよびチタン合金

(1) チタン

チタンは，882°C以下では六方最密格子 (α型)，これより高温では体心立方格子 (β型) の結晶構造をとる銀灰色の金属である。チタンは，他の金属に比べ，比較的融点が高く，超硬合金として使用されている。チタンは，鋼鉄と同等の強度を有するが，比重は鋼鉄の45％と非常に軽く，アルミニウムと比較した場合，比重はアルミニウムよりも高いものの，約2倍の強度を有している。チタンは，他の金属よりも金属疲労が起りにくい金属材料である。チタンの引張強度は，合金化することがなくても，他の金属に比べても高い値を示し，炭素鋼やアルミニウム合金と同レベルにある。さらに，加工硬化や酸素の含有量を制御することで，さらなる強化が図れる。チタンには，高温で酸化されやすいという欠点があるが，強度や耐食性が高く比重も小さいため，構造用機械材料などの工業材料としてきわめて重要な材料である。**表1.5**にチタンの物性値をまとめた。チタンは，熱伝

表 1.5　チタンの物性値

融点	1668℃
沸点	3260℃
比重	4.51 g/cm³
線膨張係数	8.5×10⁻⁶/K
熱伝導率	21.9 W/(m·K)(27℃)
比熱	523 J/(kg·K)(25℃)
電気抵抗率	3.9×10⁻⁷Ω·m(0℃)
モース硬度	4.0

導率が小さく，航空機やミサイルの機体部品，ジェットエンジンやロケットの部品材料のほか，化学装置や海水利用産業の耐食材，電気通信機器や光学機器材料，スプーンやフォークなどの食器，フライパン，ゴルフクラブなど，さまざまな分野で用いられている。また，チタンは，優れた機械的性質や生体組織との高い親和性を有するので，人工歯根や人工関節，ピアスの素材としての利用されている。チタンの約95%は二酸化チタンとして，主に白色の顔料として絵具や合成樹脂などに使用されている。

(2) チタン合金

チタンの特性をさらに向上させるために合金化が行われ，その目的は，チタンの強度を高める，チタンの耐熱性を向上させる，チタンの耐食性を向上させる，などに大別される。これらチタン合金は，その組織により，α 型，$(\alpha+\beta)$ 型，β 型に分類される。

$(\alpha+\beta)$ 型チタン合金は，もっともよく用いられているチタン合金で，中でも，Ti–6Al–4V(アルミニウム6%，バナジウム4%を含むチタン合金)は，強度，靭性，疲労特性に優れているため，板材，棒材，線材などの展伸材のほか，押出材などとして，もっとも広く利用されている合金である。焼なまし材では強度も高く，900 MPa～1 GPa の強度が得られる。さらに，時効処理材*では 1.2 GPa の強度が得られる。溶接性も良いので，軽量高強度材料として航空機の構造材料や鍛造部品材料などに用いられている。

---

* 合金は，本来なら低温で析出するはずの合金元素が，急冷により析出せず，不安定に固溶した状態である。これが，時間の経過とともに本来の安定な状態に戻ろうとして析出する。この析出により，結晶は滑りにくく硬くなる。これを「時効硬化」という。

α 型チタン合金は，室温での強度は $(\alpha+\beta)$ 型チタン合金よりも劣るが，高温では組織が安定であるので，600°C 以上での引張強度や 400°C 以上のクリープ強さは，$(\alpha+\beta)$ 型チタン合金よりも優れている。α 単相よりも，主相である α 相に少量の第2相を含むように配合した準 α 型チタン合金 (たとえば，Ti–8Al–1Mo–1V) はより高い強度が得られる。

β 型チタン合金は，高温で安定相の β を常温の安定相とするために，β 型の安定型元素を添加しており，時効処理によってチタン合金の中でも最大級の強度が得られる (1 500～1 600 MPa)。薄板や箔の製造に適している。

チタン合金の耐食性は，一般に純チタンよりも劣るが，モリブデンやタンタルなどを添加することで耐食性が向上することが知られている。

1.2.4 マグネシウムおよびマグネシウム合金

(1) マグネシウム

マグネシウムは，アルカリ土類金属で，天然には単体として存在せず，炭酸塩，硫酸塩，ケイ酸塩，塩化物として存在している。**表 1.6** に示すように，マグネシウムの比重は，1.74 g/cm^3 と，軽金属であるアルミニウム (比重は 2.70 g/cm^3) の約 2/3，鉄の約 1/4 と軽量であり，振動減衰性が大きいという特徴がある。マグネシウムは，化学的に活性であり空気中で酸化されやすく，耐食性が良くないという欠点をもつ。とくに，鉄やシリコン酸化物などとの反応熱や切削加工時の加工熱による発火も問題となっている。マグネシウムの耐食性は，不純物元素，たとえば，鉄，ニッケル，銅などが微量 (50 ppm 程度) 混入しただけでも著しく劣化する。とくに，製造工程において混入しやすい鉄に関しては，0.1％程度のマン

表 1.6 マグネシウムの物性値

融点	650℃
沸点	1 107℃
比重	1.74g/cm^3(20℃)
線膨張係数	2.61×10^{-5}/K
熱伝導率	156 W/(m·K)(27℃)
比熱	1 023 J/(kg·K)(25℃)
電気抵抗率	4.39×10^{-8}Ω·m(20℃)
モース硬度	2.6
引張強さ	228 MPa

ガンを添加することで耐食性の劣化が改善される。マグネシウムは，激しく光を出して酸化する性質から，かつては写真のフラッシュの発光材として利用されていた。

(2) マグネシウム合金

マグネシウム合金は，工業的に使用されている金属の中ではもっとも軽い金属である。マグネシウム合金の用途として，航空機や自動車，農業機械や精密機器，コンテナ，工具，スポーツ用具，医療機器など，多種にわたる分野で，鉄などの金属部品の代りとして利用されている。マグネシウム合金の軽量性のため，これまでの重量による事故や損害の減少や，軽量化に伴う加工の簡便さや安全性の向上などが可能となっている。

マグネシウム合金は鋳物用と加工用に分類される。

鋳物用マグネシウム合金は比重に対する強度が高いことが特徴である。主に，マグネシウム–アルミニウム系合金，マグネシウム–亜鉛系合金，マグネシウム–希土類系合金 (マグネシウム–トリウム系合金) の 3 つのタイプに分類される。マグネシウム–アルミニウム系合金は，この中でもっともよく用いられており，マグネシウム–亜鉛系合金は，前者をより高強度にするために開発されたもので，約 1 %程度のジルコニウムを添加している。これら 2 つの合金が鋳造用のマグネシウム合金としては主流であるが，耐熱性を付与するためにマグネシウム–トリウム系合金が開発されている。

加工用のマグネシウム合金としてよく用いられるのは，マグネシウム–アルミニウム–亜鉛合金であり，熱間加工によって板材，棒材，鋳造品などに成形される。アルミニウムの含有量は 3～9 %程度，亜鉛は 1 %程度であり，アルミニウムの含有量が増えるに連れて強度は高くなるが，圧延し難くなる。

1.2.5　コバルトおよびコバルト合金

(1) コバルト

コバルトは，鉄によく似た物理・化学的性質を有する銀白色の金属である。表 **1.7** にコバルトの物性値を示す。コバルトには，α，β の同素体があり，結晶構造は，常温で稠密六方格子 (α)，477°C 以上では，面心立方格子 (β) である。コバルトには，^{60}Co という放射性同位体 (半減期は 5.271 年) があり，γ 線源として使用されている。厚さや密度を計る工業用測定器，食品の殺菌，がんの放射線治療，および植物の品種改良などに広く利用されている。コバルトは，展性，延性を有しているが，炭素やマンガンなどを極微量含むともろくなる。強磁性材料で，

表 **1.7**　コバルトの物性値

融点	1495℃
沸点	2900℃
比重	8.97 g/cm^3
線膨張係数	1.23×10^{-5}/K
熱伝導率	100 W/(m·K)(27℃)
比熱	421 J/(kg·K)(25℃)
電気抵抗率	5.6×10^{-8}Ω·m(20℃)
モース硬度	5.6
引張強さ	255 MPa

鉄，ニッケル，希土類との合金化により特徴的な磁気特性を示す。

(2)　コバルト合金

コバルト合金の用途は，永久磁石や高速度工具鋼にコバルトを添加した超高速度工具鋼などがある。コバルトにニッケル，クロム，モリブデン，タングステンなどを添加したコバルト合金は，高温でも摩耗し難く，耐食性にも優れているため，ガスタービンやジェットエンジンなどに用いられている。また，クロム–コバルト–タングステン合金は，耐食性があり，歯科治療用の材料や外科手術などでも生体材料として使用されている。コバルト合金は，ほかにも磁気材料として鉄とともにもっともよく用いられている。コバルトを添加することにより，磁性やキュリー値が上昇するなど磁気材料としての性能が向上する。コバルトを用いた合金の1つであるアルニコ系合金は，現在もっとも幅広く用いられている永久磁気材料である。

1.2.6　ニッケルおよびニッケル合金

(1)　ニッケル

ニッケルは，銀白色の面心立方格子構造を有する金属である。常温では強磁性であるが磁性は鉄よりも弱い。360°C 付近に磁気変態点があり，これ以上の温度では常磁性となる。展延性が大きく，常温で塑性加工が容易に可能である。ニッケルは，耐熱性，耐食性に優れ，たとえば，希硝酸には溶けるものの濃硫酸には鉄と同様に不働体をつくり侵されない。ニッケルはメッキに使用されるほか，貨幣や合金材料 (ニッケル鋼，ニッケル–クロム鋼，ステンレス鋼，など) として用いられる。**表 1.8** にニッケルの物性値を示した。

表 **1.8**　ニッケルの物性値

融点	1453℃
沸点	2730℃
比重	8.91 g/cm^3
線膨張係数	1.13×10^{-5}/K
熱伝導率	90.7 W/(m·K)(27℃)
比熱	444 J/(kg·K)(25℃)
電気抵抗率	6.93×10^{-8}Ω·m(20℃)
ビッカース硬度	150〜800 HV
引張強さ	827 MPa

(2) ニッケル合金

ニッケル–銅合金には，コンスタンタン (Constantan)(銅含有量が 55〜60％) があり，前述のように熱電対用線，標準抵抗線などに用いられている。モネルメタル (銅含有量が 30〜40％) は，高温でも耐食性 (とくに耐海水性) に優れることから，海水や化学工業用のポンプや発電所の腹水器，船のプロペラなどに使用されている。

ニッケル–クロム合金には，インコネル (Inconel)(クロム 16％，鉄 8％) などの耐熱・耐食性合金があり，原子力発電用の配管や機器に使用されている。

ニッケル–鉄合金は，ニッケルに鉄を添加していくと，その合金の線膨張係数がしだいに小さくなり，ニッケル 36％，鉄 64％で最小となり，鉄の約 1/10 となる。この合金をインバー (Invar) といい，耐食性に優れるので，長さの標準用具や振り子時計のような精密機器に用いられる。ニッケル–鉄合金にクロムを添加することで弾性率の温度依存性がほとんどない合金ができる。ニッケル 36％，鉄 52％，コバルト 12％の合金をエリンバー (Elinvar) という。エリンバーは定弾性バネ材料として精密機械に用いられている。

ニッケルと鉄にモリブデンやクロムを加えた合金をパーマロイという。優れた軟磁性材料であることから，変圧器の鉄心や磁気ヘッドに用いられている。ニッケル–チタン合金は形状記憶合金として知られている。

なお，ニッケル化合物は，WHO の下部機関 IARC より発癌性がある (Type 1) と勧告されている。

1.2.7 低融点金属およびその合金

(1) 亜鉛および亜鉛合金

亜鉛は，青みがかった銀白色で金属光沢のある金属で，その結晶構造は稠密六方格子である。亜鉛は，酸やアルカリに溶解する。亜鉛は，遊離して産出するのではなく，地殻中の硫化亜鉛を主成分とする閃亜鉛鉱から得られる。常温では結晶の異方性が強く，脆弱で加工性に乏しいが，110～150°C 程度に加熱すると，延性および展性が顕著に増大して，板材，線材に加工できるようになる。**表 1.9** に亜鉛の物性値を示す。融解した亜鉛に鉄板を浸すとトタンになる。亜鉛は，亜鉛めっきのほか，真鍮や洋銀などの合金材料などに利用されている。

表 1.9　亜鉛の物性値

融点	419.5℃
沸点	907℃
比重	7.13g/cm^3
線膨張係数	3.97×10^{-5}/K
熱伝導率	116W/（m·K）
比熱	383J/(kg·K)(25℃)
電気抵抗率	5.90×10^{-8}Ω·m(20℃)
モース硬度	2.5

(2) スズおよびスズ合金

低温型の α スズと高温型の β スズがある。スズは，金属の中でも融点が低く，232°C である。スズは，人体に無害であるため，食品工業用の装置や家庭用食器などとしても利用されていた。スズメッキは，さび止めの被覆として，また，つぎに示す鉛との合金により，ロウ材 (ハンダ) などとしても用いられている。**表 1.10** にスズの物性値を示す。

表 1.10　スズの物性値

融点	232℃
沸点	2270℃
比重	7.29g/cm^3
線膨張係数	1.99×10^{-5}/K(0℃)
熱伝導率	67W/(m·K)
比熱	222J/(kg·K)(25℃)
電気抵抗率	1.10×10^{-7}Ω·m(0℃)
引張強さ	15MPa(15℃)

(3) 鉛および鉛合金

強い毒性を有する。金属の中では比重が大きい部類に属し，釣りなどの，さまざまな重りとしても親しまれている。金属は板，管などとして，また，蓄電池の電極として用いられている。放射線を遮蔽する性質があるため，放射線遮蔽材などにも使用されている。前述のように，鉛とスズとの合金としてハンダがあり，低融点などの特性から，古くから金属同士の接合に用いられてきた。電気回路の組み立てなどにもハンダは多用されてきたが，最近は鉛の毒性や環境問題から，鉛を含まない「鉛フリーハンダ」に置き換えられつつある。**表 1.11** に鉛の物性値を示す。

表 1.11　鉛の物性値

融点	327℃
沸点	1740℃
比重	11.34 g/cm^3
線膨張係数	2.89×10^{-5}/K(20℃)
熱伝導率	35.3 W/(m·K)(27℃)
比熱	128 J/(kg·K)(25℃)
電気抵抗率	2.08×10^{-7}Ω·m(20℃)
引張強さ	55 MPa

1.2.8 高融点金属

金属の中には，融点が 2000°C をこえるものがあり，耐熱性の金属材料として用いられている。高融点金属としてよく用いられているのが，ニオブ，タンタル，モリブデン，タングステンなどである。これら金属の物性値を**表 1.12** に示す。

表 1.12　高融点金属の物性値

	ニオブ	タンタル	モリブデン	タングステン
融点(℃)	2468	2996	2610	3387
沸点(℃)	4742	5425	5560	5927
比重(g/cm^3)	8.57	16.6	10.2	19.3
電気抵抗率(×10^{-7}Ω·m)	1.52	1.31	0.53	0.53
引張強さ(MPa)	345	241～483	—	3450

(1) ニオブ

ニオブは，タンタルとともに産出されるが，タンタルよりもやわらかく，延性，耐食性・耐酸性のある金属である。ニオブは，耐熱合金・耐食合金の添加元素としても利用されている。金属ニオブは，コンデンサー材料，超伝導合金，化学装置用の耐熱合金などに用いられるほか，ニオブ酸化物は，セラミックコンデンサーや圧電素子に，ニオブ炭化物は，超切削工具や超硬質ダイスなどに用いられている。

(2) タンタル

白金に似た黒灰色の金属で，展延性に富み，加工しやすい金属である。また，耐食性に優れた金属であり，以前は，フィラメントに使用されていた。現在では，タンタルコンデンサ(電解コンデンサ)としてよく用いられている。このほか，に人工骨材料としての用途もある。

(3) モリブデン

モリブデンは，銀白色の硬い金属で，空気中では酸化被膜をつくり，内部は保護されて安定である。モリブデンの用途としては，ステンレス鋼の添加元素などがある。また，摩擦係数が低いことから，二硫化モリブデンとして，工業用の潤滑油やエンジンオイルの添加剤に用いられている。

(4) タングステン

タングステンは，白金に似た灰白色の硬く重い金属で，化学的に安定である。融点が高く，金属としては比較的大きな電気抵抗を有しており，電球のフィラメントとしての用途がある。また，超硬合金材料としての用途があり，炭化タングステンに靭性の高いコバルト粉末をバインダーとして混合し，粉末冶金法により製造される。

(5) その他

ジルコニウムは，融点が1852°Cのチタンに似た金属で，展延性に富み，耐食性に優れた金属である。ジルコニウムは，金属の中で熱中性子の吸収断面積が最小のため，ジルコニウム合金(ジルカロイ)が，原子炉の燃料棒の被覆材料として利用されている。このほか，ジルコニウム酸化物は，白色顔料などに使用されているほか，圧電素子，セラミックコンデンサーなどの用途もあり，幅広い分野で用いられている。

1.3 塑 性 加 工

材料に力を加えて変形させると，その材料の形状は元に戻らない性質を塑性という。一般に，金属は塑性が大きく，塑性加工に適した材料である。塑性加工により目的の形状に加工することで，さまざまな工業製品がつくられている。金属の塑性加工には，金属塊を板状，棒状，線状，管状，ブロック状などの形に成形する 1 次加工と，1 次加工によりつくられた成形物を機械部品などの製品に加工する 2 次加工に大別される。1 次加工には，圧延加工，押出し加工，引抜き加工，鍛造加工があり，2 次加工には曲げ加工，絞り加工，冷間鍛造加工，転造加工，せん断加工がある。

1.3.1 圧 延 加 工

回転するロールの入り口から材料をかみこませ，ロールにより加圧することで断面積や厚さを減少させて，板，棒，線，管，などの 1 次加工品を成形する加工法である。図 **1.7** は，圧延加工の概念図である。

厚さ方向に圧縮加工を加えながら板厚を減少させてロール出口から材料を取り出す。加工時に材料の再結晶温度よりも高い温度に加熱して加工する (熱間加工) ことで，材料の結晶粒を微細で均質な結晶にし，材料に均質で強靭さを与える加工法である。

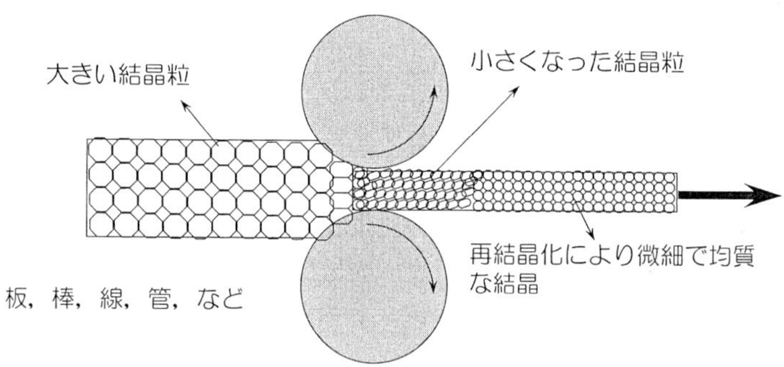

図 **1.7** 圧延加工

1.3.2 鍛造加工

鍛造とは，金属を加熱して，ハンマーやプレス加工機などを用いて圧力をかけることにより，金属内部の空隙をつぶし，結晶粒を微細化し，均質な結晶として材料に強靭さを与える加工のことで (この点では，前述の圧延加工と同じである)，塑性加工法の一種である。鍛造加工は古来，日本刀や包丁など刃物の製造方法として用いられ，刃物の特性 (高い靭性や硬度等) を向上させている。熱間鍛造では，加工時に材料の再結晶温度よりも高い温度に加熱して加工するので，鍛造温度は材料によって異なる。通常，包丁などの刃物に使われる炭素鋼は，1 000°C 以上の高温で鍛造する。鍛造前の材料の断面積と鍛造によって鍛伸された材料の断面積の比を鍛造比といい，鍛造比が 1/3〜1/4 くらいになるまで鍛延する。熱間鍛造には，加熱した材料を人力または機械ハンマーでつち打ちして形をつくり出す自由鍛造と，上下 2 個の鍛造型を取り付け，その間に，加熱した材料を挟み込んで圧力を加えて材料を成形する型鍛造がある (図 **1.8** 参照)。車軸などのような複雑な形状の製品を大量生産する場合にこの方法を用いる。

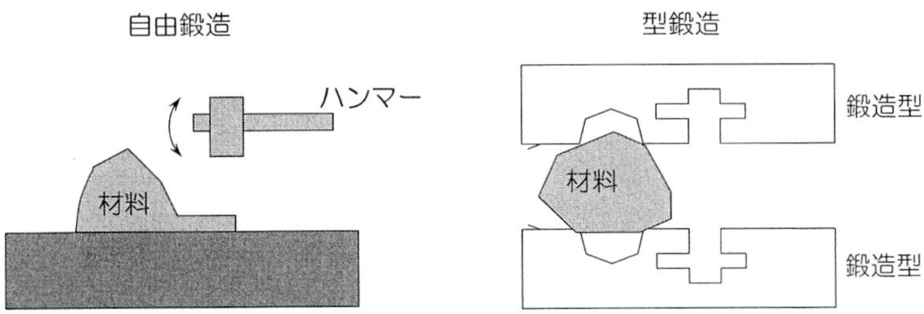

図 **1.8** 鍛造加工

このほかに，最近では優れた加工能力を有する鍛造機械がつくられており，加熱せずに室温で圧縮成形する冷間鍛造も行われている。冷間鍛造は棒状材料，板状材料を常温で圧縮して成形加工する方法で，圧縮成形加工ともいわれている。大きな加工圧力が必要であるが，製品の強度，寸法安定性や表面状態などにも優れた加工法である。さらに，温間鍛造とよばれる熱間，冷間鍛造の長所を一部取り入れて，材料の再結晶温度以下に加熱して行う加工法もある。

1.3.3　押出し加工

押出し加工は，耐圧厚肉容器 (コンテナ) に挿入された銅・亜鉛・アルミニウムなどの金属材料を加圧して，ダイスに彫った穴より流出させて断面積や形状を変化させ，長さを伸ばして製品をつくる加工法である。押出し加工は，熱間または冷間で行い，熱間押出し加工は，圧延加工ではつくれない複雑形状の製品や，少量生産品などの 2 次加工用素材の製造に用いられている。熱間押出し加工は，酸化や収縮が起ることがあり，製品の形状や寸法安定性が問題となることがある。この場合，冷間押出し加工により高精度の製品の加工が可能である。

押出し加工は，**図 1.9** に示すように，前方押出し加工と後方押出し加工とに分類できる。前方押出し加工は，ラムの進行方向に製品を押出す方式であるのに対し，後方押出し加工は，可動ダイスの進行方向とは逆の方向に押出す方式である。

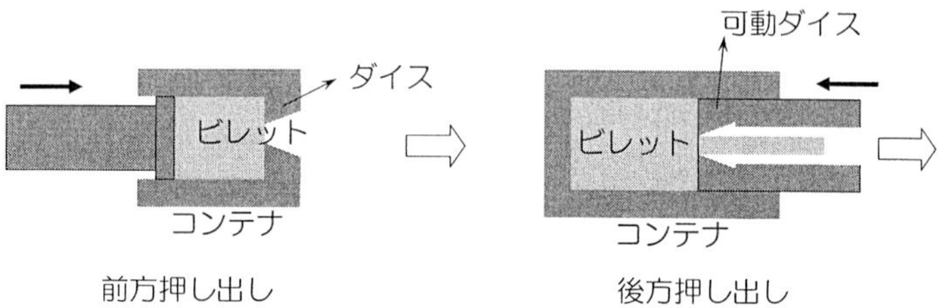

図 1.9　押出し加工

1.3.4　引抜き加工

引抜き加工は**図 1.10** に示すように，製品の断面と同じ形の穴のあいたダイスに，穴よりもやや大きい断面積の素材を引き抜いて通して断面を減少させ，ダイス穴と同じ断面形状をもつ棒，線，管などの 2 次加工用素材を製造する加工法であり，棒材引抜き，線引き，管材引抜きなどの種類がある。棒材引抜きは，断面積が比較的大きい角棒や丸棒の引抜き加工を行うもので，一般に，熱間圧延あるいは押出しによって加工し，つぎに，冷間引抜き加工によって仕上げるため，

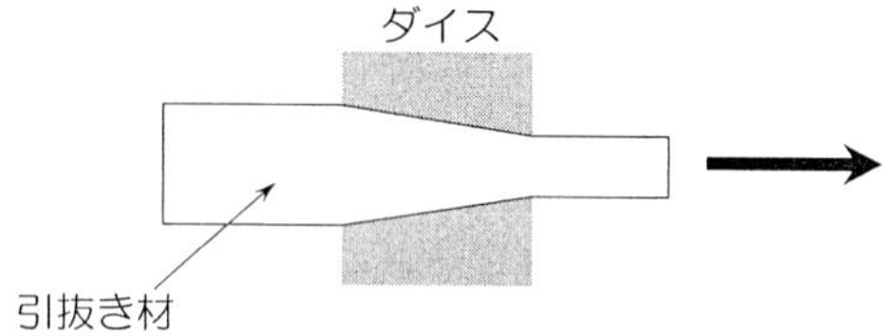

図 1.10　引抜き加工

断面形状や寸法精度が良好で，加工硬化を伴うので強度が増加し，表面が美しく仕上がる。常温で加工できないタングステンやモリブデンなどいくつかの金属は，引抜きも熱間で行う。線引きは，線の引抜きを伸線機によりダイス穴を通してドラムに巻き付けながら引く方法である。管材引抜きは，一般に，冷間で行う。

1.3.5 曲 げ 加 工

曲げ加工は，板材，棒材，管材などを適当な工具を用いて所望の形状に曲げ変形する加工法で，**図 1.11** に示すように，型の外周に沿って板を折曲げる折曲げ，曲げ型を板に垂直に押し付けて曲げる突き曲げ，曲げロールで板を送りながら曲げる送り曲げがある。

板材を曲げ加工すると，板材の外側は引っ張られて伸び，反対に内側は圧縮されて縮む。板材の内部 (板の断面で中間付近) には，伸縮の起らない中立面が存在する。板の断面に生じるひずみは中立面からの距離に比例し，応力は中立面から遠ざかるに連れて大きくなる (**図 1.11** 参照)。

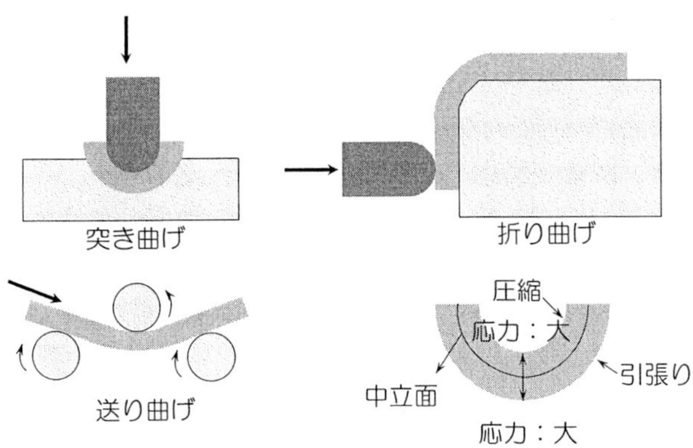

図 **1.11**　曲げ加工

1.3.6 せん断加工

せん断加工は，材料のある断面に局部的に大きなせん断変形を与えて，所望の形状・寸法に分離・切断する加工をいう。せん断加工は，板材の加工に多く用いられているが，棒，線，管の切断や素材製造の段階でも用いられており，塑性加工の中でも，もっとよく用いられている加工法の一つである。

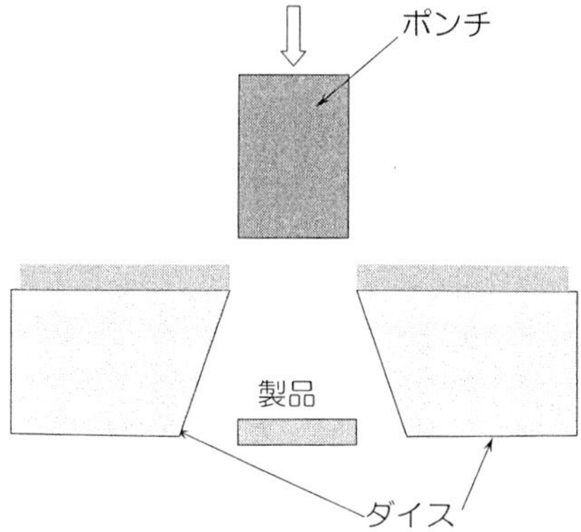

図 **1.12**　打ち抜きせん断加工

せん断加工には，一対のブレード (上刃，下刃) を備えたせん断機で板材や棒材などを切断する場合と，パンチとダイスを備えたプレス機械で板材の打抜き，穴あけ，切断を行う作業に大別される。打抜きせん断加工の模式図を図 **1.12** に示す。また，せん断の目的で作業を分類すると，以下のようになる。

- 打抜き：製品の外周を打ち抜く作業
- 穴あけ：製品の内周を打ち抜く作業
- せん断：せん断機で素材の端から端まで切断する作業
- 縁取り：絞り加工の耳や，型鍛造品のばりを打ち抜いて縁をとる作業

せん断加工では，いかにして良好な切口面を得るかということがとくに重要な点であり，これを解決するために，さまざまな精密せん断法が提案されている。

1.3.7　絞り加工

金属の平板を図 **1.13** に示すようにダイスの上に設置し，円筒状のポンチで圧力を加えることにより，継目のない底付容器形の製品をつくる作業を，絞り加工という。絞り加工法には，プレス絞り法がもっともよく用いられており，他の絞り加工と区別していうときには深絞りともいう。絞り加工は冷

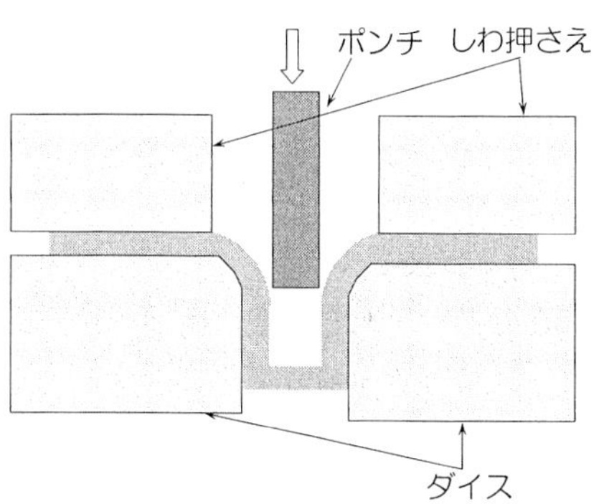

図 **1.13**　絞り加工

間で行い，ポンチとダイスの絞り型をプレスに取り付けて行う。プレス絞り法は，大量生産に適した絞り加工法である。絞り加工によりつくられた製品は，自動車や航空機のボディや日用品など，さまざまなものがある。

1.3.8 転造加工

表面にある形状の刻みをつけた転造ダイスやローラーなどの成形工具を，直線または回転運動させながら素材に強く押しつけると，素材の表層部に塑性変形が生じ，ダイスやローラーなどの成形工具に応じた所望の製品が得られる。この加工方法を，転造加工という。転造加工は，ボルトや歯車，ボールベアリング用のボールなどの加工に用いられている。中でも，ボルトの加工はほとんどが転造によりつくられており，冷間で行われる。また，歯車の転造は熱間または冷間で行われている。転造加工は切削加工と異なり，切り粉がでないため材料に無駄がなく精度の高い製品が大量生産できる。

ボルトの転造加工は，加工するボルト材料とピッチや山の形が等しい転造ダイスに，ボルト材料を押しつけながら回転させると，ダイス面に設けたねじ山によってボルト材料表面が塑性変形を起し，ボルトに加工される。汎用ねじの大半がこのボルト転造によってつくられる。一般には，常温で行われ，大量のボルトを連続生産することができる。

歯車の転造加工に用いられる転造法（ラック型ダイスを用いた転造）の一例を，図 **1.14** に示した。歯形のついた転造工具を歯車材料に押付けて加工する方法である。図 **1.14** に示したラック型ダイスを用いた転造においては，一往復で成形できるものではなく，何度も転がして成形していく必要がある。このほかに，ピニオン形ダイスを用いる方法，およびホブ形ダイスによる方法もある。歯車の転造加工は，モジュールおよび歯幅の小さい小型歯車の大量生産に適している。

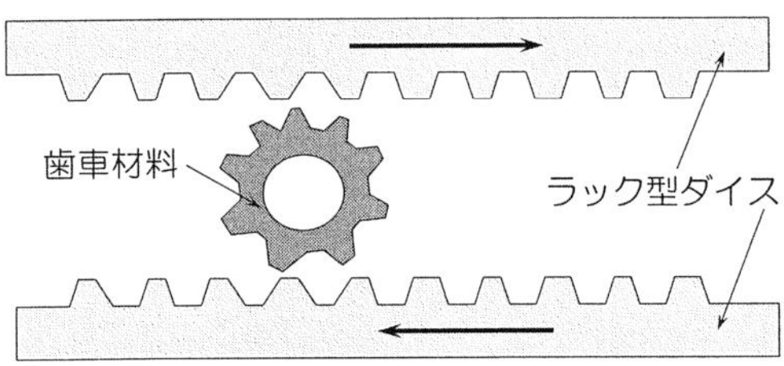

図 **1.14**　歯車の転造加工

第2章　セラミックス材料

セラミックスは，金属と非金属の組合せでできている無機物質であり，金属原子と非金属原子は固い結合で結ばれているので，原子間の結合力は金属やプラスチックに比べて強いが，柔軟性が乏しい。また，金属やプラスチックと異なり，外力によりほとんど変形することなく破壊されやすい (脆性)。さらに，セラミックスは多結晶体であり，粒界が存在する。このため，セラミックスは割れやすく，また，製造時に生成する気孔や不純物が破壊の起点となり割れることも多い。

セラミックスは，人工的に製造された無機の固体材料からなる製品で，その化学的な成分は金属の酸化物，窒化物，炭化物，ケイ化物などである。古来の陶磁器，瓦，ガラスなどの窯業製品と，最近の各種工具やエンジンパーツなどのニューセラミックスとにわかれる。最近は，炭化物や窒化物などの耐火性物質もつくられ，ファインセラミックスともよばれている。

ニューセラミックスは，使用する原材料の形状や成形・焼成条件の微妙な変化でその特性が大きく変化する。とくに，エレクトロニクス用の電子セラミックスにおいては，電磁気的な特性を発現するためには，細かな条件を制御してつくることが必要とされている。

2.1　セラミックスの機械材料への応用

セラミックスは一般に，脆性材料であり，そのために，機械部品として用いるのは困難と考えられていた。1970 年代以降，新しいセラミックスの開発が精力的に行われた。精製された原料を用いて，耐熱性・耐薬品性・絶縁性・半導体性そのほか特定の機能を最大限に有し，精密機械・半導体・医療用などの材料として開発された，いわゆるファインセラミックスが誕生した。ファインセラミックスは，耐熱性，強度，破壊靱性などの性質が従来のセラミックスよりも大きく上回り，機械部品への適用が可能になった。具体的には，耐摩耗材料，各種工具，庖丁，エ

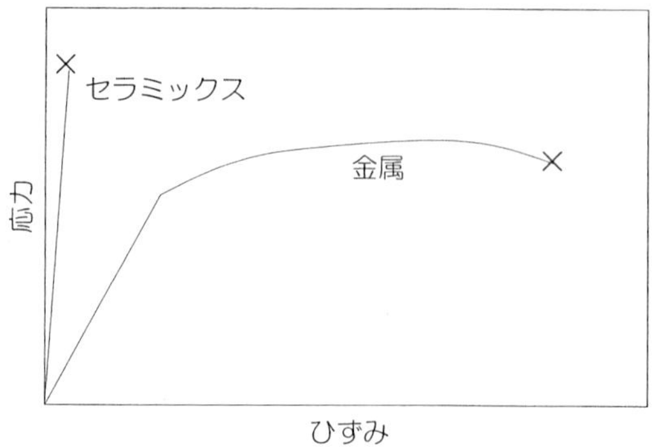

図 **2.1**　金属とセラミックスの典型的な応力–ひずみ曲線の例

ンジンパーツ，熱交換器，絶縁用材料，IC 基板，パッケージ材料，セラミックコンデンサー，温度センサー，セラミックヒーター，永久磁石材料，フェライト，透光性材料，人工骨，人工歯根材料，人工関節，など多くのものがあげられる。

ファインセラミックスは，耐熱性，強度，耐摩耗性，化学安定性，耐食性，剛性，軽量性などの諸特性が金属材料よりも優れている。しかし，金属に比べて塑性が著しく小さく，靱性*が劣る。セラミックスの破断ひずみは，一般的に，0.2％程度(あるいはそれ以下)で，破壊靱性値は 2〜7 MPa・$m^{1/2}$ 程度である。一方，金属材料の破断ひずみは一般的に約1％以上，破壊靱性値が 20 MPa・$m^{1/2}$ 以上である。図 **2.1** に，金属材料とセラミックス材料を引張り試験機にて応力を加えた時の，典型的な応力–ひずみ曲線の例を示した。金属材料は，応力の増加とともにまず弾性変形を起し，つぎに，塑性変形を起し，最後に破壊する。セラミックス材料は，ほとんど変形しないうちに破壊応力に達し，塑性変形を伴わずに脆性破壊を起す。

セラミックスは，高い剛性，高い強度を有していることから，高い剛性が要求される精密機器に用いられている。この場合，セラミックス同士，あるいはセラミックスと金属との接合，結合による強度低下の問題がある。接着や接合を行った部位では，剛性が低下するので，設計上の工夫が要求される。また，接合を溶接で行う場合には，材料同士，あるいは溶接材料との特性の差異により接合部に残留応力が発生し，不具合をもたらす場合がある。また，接合部の強度が他の部分よりも低くなり，問題が生じやすい。さらに，結合を嵌合によって結合する場合に

＊ 材料の粘り強さの程度を表し，材料の中で亀裂が発生しにくく，かつ伝播しにくい性質をいう。

は，セラミックスの一部に高いせん断応力が生じることがあり，このせん断応力により，破損が生じやすくなるという問題もある。嵌合部，あるいは結合部においては図 **2.2** に示すような，セラミックス表面に強い引張応力が生じる。この応力は，結合部の形状のほかに，接触部での摩擦係数 (μ) に依存する。摩擦係数が大きいと，セラミックス表面にかかる引張り応力も大きいことが知られている。

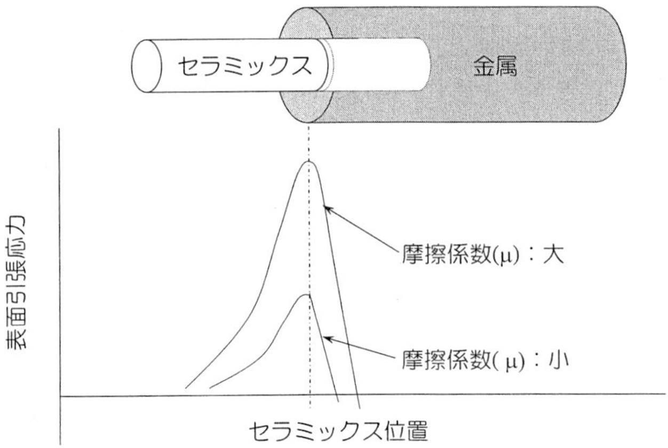

図 **2.2**　金属とセラミックスの嵌合い部付近のセラミックス表面の応力

2.2　セラミックス材料の用途

シリコン (Si)，アルミニウム (Al) 系の代表的なセラミックスの物性値を表 **2.1** に示す。サイアロン (SiAlON) とは，Si–Al–O–N 系化合物の総称であり，Si，N に対して Al，O が置換型固溶した β–SiAlON と，この置換型固溶，および，結

表 **2.1**　代表的なセラミックス (シリコン，アルミニウム系) の物性値

	SiO_2	Si_3N_4	SiC	Al_2O_3	AlN	SiAlON(α)
密度(g/cm³)	2.20	3.2	3.2	3.98	3.5	2.9
融点(℃)	1723	1900 (分解)	2700(分解)	2050	2500(分解)	1950
熱膨張率(×10⁻⁶/K)	0.5	3.0	4.5	8.1	5.7	2.8
硬度Hv(GPa)	—	17	24	18	16	15
弾性率(GPa)	75	280	420	400	300	250
破壊靭性(MPa $\sqrt{m}$)	—	6	3.5	4	4	6

晶格子間に特定の金属原子が侵入型固溶した α–SiAlON がある。窒化ケイ素のもつ低熱膨張率，高強度に加え，耐食性も優れるが，靭性が低い。

ファインセラミックスの特長としては，耐熱性，強度，耐摩耗性，化学安定性，耐食性，剛性，軽量性などがあげられる。精密機械，高速回転機器，高温機器，高温精密機器，高温精密回転機器，耐食機器，耐摩擦機器，等の機械製品への応用が考えられる。ファインセラミックスの特長を生かして，以下のような，さまざまな用途開発がなされている。

(1) エレクトロニクスセラミックス：電磁気的機能を有するセラミックスを用いる。応用分野は，絶縁材料，誘電材料，圧電材料，半導体，永久磁石，磁気記録材料など。
(2) エンジニアリングセラミックス：機械的機能を有するセラミックスを用いる。応用分野は，耐摩耗材料，切削材料，耐熱材料など。
(3) バイオセラミックス：整体適合機能を有するセラミックスを用いる。応用分野は，人工骨，人工歯根材料など。
(4) オプトセラミックス：光学的機能を有するセラミックスを用いる。応用分野は，透光性材料など。
(5) 超電導セラミックス：超電導機能を有するセラミックスを用いる。応用分野は，超電導線材，素子など。

2.3　セラミックス材料の特性

アルミニウムやシリコンは地球上に多く存在する金属元素の一つであり，これら金属と酸素，窒素，炭素などと結合したセラミックスが，さまざまな分野で応用されている。ここでは，これらセラミックスを含めた代表的なセラミックスの特徴について具体的に述べる。

2.3.1　酸化物セラミックス材料

酸化物セラミックスは，金属と酸素の化合物であり，酸素は大気中に大量に存在するため，酸化物セラミックスは天然鉱物として産出されるものが多い。酸素は，電気陰性度がフッ素に次いで大きく，一般的に，金属とはイオン結合性の強い化学結合を形成し，最密充填に近い結晶構造をとるものが多い。融点が高く，耐酸化性にも優れるので，耐火材料として用いられていたが，機械特性や電気特性にも優れた素材が開発されている。

(1) アルミナ (Al_2O_3)

代表的な酸化物セラミックスであり，アルミニウムと酸素からなる化合物である。アルミナの結晶構造は，安定な三方晶系の α-Al_2O_3 で，アルミナセラミックスといわれているのは α–Al_2O_3 の焼結体である。α–Al_2O_3 の密度は 4.0 g/cm^3 であり，硬度，耐熱性，耐薬品性に優れた特性を有しており，切削材・工具・研磨剤などの機械材料やるつぼ・炉心管などの耐熱部材など，幅広く利用されている。また，電気絶縁性も優れているので，IC 基板やがいしなどエレクトロセラミックとしても使用されている。

(2) 二酸化ケイ素 (SiO_2)

ケイ素と酸素からなる化合物で，地球を形成する物質の一つとして多量に存在し，きわめて重要な化合物である。圧力，温度の条件により，多様な結晶相が存在する。その代表的なものとして，石英 (三方晶)，高温型石英 (六方晶，いわゆる水晶)，鱗珪石 (斜方晶，六方晶)，スティショフ石 (正方晶)，クリストバル石 (正方晶，立方晶)，コーサイト (単斜晶) などがある。装飾品や光ファイバーなどの光学材料に利用されている。高温型石英の結晶は，温度係数の小さなピエゾ効果を有しており，ピエゾ素子としても利用されている。ピエゾ効果とは，ある種のセラミックや水晶などに力を加えるとひずみが生じる。ひずみの程度に応じた電圧が発生する現象のことである。

(3) ムライト (Al_2O_3–SiO_2系化合物)

ムライトセラミックスは，斜方晶系の結晶構造を有し，密度 3.16 g/cm^3，融点 1 850°C で，共有結合性が強い。耐熱性，絶縁特性に優れている。高温での機械的強度はアルミナよりも優れており，熱膨張率も小さく安定しているため，主に，炉心管や絶縁管などに用いられている。多結晶質は，耐熱材料として用いられている。高純度ムライトは高温で耐クリープ性に優れている。

(4) ジルコニア (ZrO_2)

ジルコニウムと酸素からなる化合物で，破壊靭性が高い性質を有しており，刃物・工具・スポーツ用品などの高機能セラミック部品材料である。ジルコニアには 3 種類の結晶構造が存在し，温度変化に伴い相転移を起す。1 200°C 以下では単斜晶，1 200～2 370°C では正方晶，2 370°C 以上では立方晶を安定域としている。ジルコニアは相転移に際して体積変化を伴うので，純粋なジルコニアは，温度変化を起すと割れを生じやすい。そこで，酸化カルシウム (CaO)，酸化マグネシウム (MgO)，酸化イットリウム (Y_2O_3) などの酸化物を添加して，Zr^{4+} をこれら陽イオンと置換固溶することで，温度変化に対して安定な立方晶ジルコニアをつくることができ，耐火物用のセラミックスとして利用されてきた。これら添加物の量を減らしていくと，室温でも準安定な正方晶のジルコニア (部分安定化ジルコニア：PSZ) になる。PSZ は，強い外部応力を受けると受けた部分だけ単斜晶に変化して体積膨張を起し，これがクラックの進行を防ぐために，高強度，高靭性を発現することができる。

(5) マグネシア (MgO)

酸化マグネシウム (MgO) は，無色の立方晶系の結晶で，密度 3.58 g/cm^3，融点 2 830°C，沸点 3 600°C で，空気中に放置すると水と反応するので，用途は限定される。また，焼成中に粒成長しやすく，常温，高温での強度は低い。しかし，耐熱性，耐アルカリ性に優れているため，耐火材・マグネシアセメント原料・触媒・医薬品などとして用いられている。

(6) ベリリア (BeO)

酸化ベリリウム (BeO) は，無色の六方晶系の結晶で，密度 3.028 g/cm^3，融点 2 530°C，沸点 3 900°C，アルミナに似て化学的に安定であり，高温で使用が可能。粉末状態では猛毒で，呼吸機能障害をまねくが焼結体は安定である。電気伝導性は非常に低い反面，熱伝導率は，酸化物セラミックスの中でもっとも高く，高純度のものであれば金属アルミニウムに匹敵する。したがって，温度変化の大きい部分や熱吸収・熱伝導材などとして用いられている。熱伝導性と電気絶縁性に優れているので，基板やパッケージに用いられている。さらに，常温での機械強度は低いが，約 1 600°C までその強度はほとんど変化しない。原子炉の減速材やるつぼなどにも利用されている。

2.3.2　窒化物セラミックス材料

(1) 窒化アルミニウム (AlN)

アルミニウムと窒素からなり，六方晶の結晶である。エレクトロセラミックスの一種で，高熱伝導性，高電気絶縁性によって半導体基板，半導体および高純度金属の溶解るつぼなどに用いられる。また，耐食性や透光性などにも優れる。

(2) 窒化ケイ素 (Si_3N_4)

ケイ素と窒素からなる化合物であり，セラミックスの中でも，とくに強度・靭性に優れる。耐摩耗性，耐食性などによって，自動車エンジンのセラミックス化や，ガスタービン翼などの用途がある。

(3) サイアロン (SiAlON)

シリコン，アルミニウム，酸素，窒素の 4 つの元素からなる化合物の総称で，α–SiAlON と β–SiAlON がある。α–SiAlON は，α–Si_3N_4 の Si と N の一部がそれぞれ Al と O に置換固溶すると同時に，アルカリ土類や希土類元素などの金属元素が侵入したもので，切削工具，バーナーノズル，エンジン部品などに応用されている。また，β–SiAlON は，β–Si_3N_4 の Si の位置に Al が，N の位置に O が置換され，固溶した化合物であり，$Si_{6-z}Al_zO_zN_{8-z}(Z = 0〜4.2)$ である。β–SiAlON は，高強度，耐摩耗性および耐反応性から，押出ダイス，ダイキャストシリンダーなどに利用されている。物理的・機械的性質は窒化ケイ素に類似し，化学的性質はアルミナに近い特長を有している。

(4) 窒化チタン (TiN)

窒化チタンは，チタンと窒素の化合物であり，立方晶系結晶である。比重 5.4，融点 2 950°C，高硬度で化学的安定性も高い。超硬合金工具のコーティング材として用いられるほか，黄金色を呈するので装飾用にも使用されている。

(5) 窒化ホウ素 (BN)

窒化ホウ素には，六方晶系の結晶構造で機械加工のできる hBN，立方晶系の結晶構造で硬い物質として cBN のほか，六方晶系の結晶構造の wBN などがある。hBN は，高温まできわめて安定で，2 000°C を超すとわずかに蒸発する。融点 3 000°C 以上で，耐酸化性に優れ，空気中で 1 000°C の使用も可能である。不活性ガス中では 2 000°C 以上の耐火物である。高温の溶融金属と反応しにくいので，るつぼ材料としても使用されている。また，熱伝導率が高く，耐熱衝撃性，電気絶縁性にも優れている。cBN はダイヤモンドに次ぐ硬さを有しており，硬質工具や研磨材として用いられる。

2.3.3 炭化物セラミックス材料

(1) 炭化ケイ素 (SiC)

ケイ素と炭素からなる化合物のセラミックスであり，空気中では高温でも安定で，古くから耐火物材として用いられている。比重は 3.22 で，共有結合性が高く約 2830°C で分解する。また，アルミナよりも硬質で良好な耐摩耗性を示すため，研磨材や砥石としても用いられる。さらに，高熱伝導率であるので，シリコンウエハを保持するための熱処理用治具としても利用されている。

(2) 炭化ホウ素 (B_4C)

炭化ホウ素は炭化ケイ素よりも硬く，ダイヤモンド，チッ化ホウ素に次ぐ硬度を有している。また，耐摩耗性に優れ，研磨材や切削工具などとして用いられている。さらに，ホウ素 (B) の同位体である ^{10}B を濃縮した B_4C は，中性子吸収面積が大きく，原子炉や高速増殖炉などの中性子吸収材として用いられている。

(3) 炭化チタン (TiC)

融点 3070°C の，立方晶系の結晶構造の化合物である。比重 4.94，モース硬度が 8〜9 の硬質物質である。炭素欠陥に酸素を取り込みやすく，炭化チタンの特性は組成や酸素含有量に依存する。優れた耐摩耗性を示し，切削工具材として利用されている。ニッケルやコバルトなどの金属を添加して焼結して，サーメット (セラミックスと金属との複合材料) として，超硬切削工具材料や耐熱材料として使用されている。

2.4 構造用精密部品としてのセラミックス材料

2.4.1 高温用機器および部品

セラミックスの耐熱性，耐摩耗性，高剛性，高強度などの特徴を生かして，高温で使用される機械部品がつくられており，中でも，とくに注目されているのが熱機関部品である。

熱機関用としては，エンジンそのものの，あるいはエンジン関連部品などでファインセラミックス化が図られている。たとえば，ターボチャージャーのローターには窒化ケイ素が用いられ，高温高強度，軽量の特長を生かして，エンジンレスポンスの向上が図られていた。このほかにも，ディーゼルエンジンのグロープラグ，ホットプラグなどにも，窒化ケイ素製のものが用いられている。

2.4.2 常温機器および部品

セラミックスの高剛性，高強度，耐摩耗性，低熱膨張率，耐食性などの特長を生かして，種々の精密機器がつくられている。たとえば，金属加工用の旋削工具や工業用の精密ナイフ，ポンプ部品，バルブ類，メカニカルシールリング，軸受，ノズルなどがある。

ポンプは，耐食性を必要とする場合が多く，セラミックス化が求められる分野である。ケミカルポンプ部品では，シャフトや軸受けなどに炭化ケイ素が用いられている。また，軸受けなどのベアリング部品やモーターシャフトなどの耐摩耗性部品には，窒化ケイ素やアルミナが用いられている。金型・治工具，食品用カッターや工業用カッターなどの刃物，光コネクター部品，粉砕ボールやベアリングボール，コイルバネや板バネといった特殊バネ，小型絶縁ドライバー・包丁・ヤスリなどの製品には，PSZ(部分安定化ジルコニア) が用いられている。セラミックスベアリングには耐摩耗性，耐食性，軽量性に優れるといった特長があり，高温 (～400°C)，高速回転，真空中などでの利用に適している。

ロボットの腕関節，指先へも応用されている。精度維持のため耐摩擦性が必要で，迅速な動きをさせるためには軽量化が必要であり，セラミックスがその利用に適している。

2.4.3 電気・電子機器部品

ある種の部品では，構造的部品でありながら，電気的・電子的機能を有することを求められている。IC，LSI 用基板，振動子，アクチュエーターなどである。IC，LSI 基板としては，アルミナ，プラスチックなどが主流であるが，集積密度の増加とともに熱的負荷，配線間電界強度が高くなり，放熱性能が高くかつ電気絶縁性の高い材料が用いられるようになった。アルミナ，窒化アルミニウムのほか，窒化ケイ素や炭化ケイ素，窒化ホウ素等も用いられている。

振動子として SiO_2 単結晶が用いられ，水晶時計，超音波振動子として利用され，工夫されている。

圧電アクチュエーターは，電界を加えることによって歪みが発生する圧電材料の性質を利用したアクチュエーターで，ジルコン酸チタン酸鉛に代表される圧電セラミックスがよく用いられている。発生応力は大きいが変位量は小さい。

自動車部品としては，酸素センサー，ノッキングセンサー等が排気浄化，燃費向上に貢献している。

2.4.4 光学機器部品

セラミックスは，光学の分野でも応用されている。たとえば，固体レーザの発振や光ファイバーなどである。レーザに関する説明は後述するが，固体レーザの発振媒体としてルビーやガラス，YAG(イットリウム：Yittrium–アルミニウム：Aluminium–ガーネット：Garnet) などのセラミックスが用いられている。

光ファイバーには，セラミックス製のものとプラスチック製のもの，あるいは，この両者を用いたものがあるが，セラミックス製のものは，シリカを主成分とするガラスである。

光ファイバーは，光損失が非常に小さいこと (透明性が極端に高いこと)，強度が高いことが望まれる。気相法で，シリカ微粒子の堆積によって生成されるスート (シリカのすす) を 1500～1600°C で加熱し，微粒子を焼結させて，透明なプリフォームとよばれる石英ガラスとし，2000～2200°C で紡糸してつくられる。光ファイバーの透明性を高める因子としては，原材料の緻密性，均質性，純度，などがあげられる。気孔が存在したり (緻密でない)，あるいは均質でなかったりすると光は散乱してしまう。また，不純物があると不純物原子によって光が吸収される。強度を得るには緻密であることが必要である。光ファイバーの基本構造を**図 2.3** に示す。光の伝搬路となる“コア”とよばれる部分と，光を“コア”内に閉じ込めるための“クラッド”とよばれる部分との2層構造になっている。クラッドよりもコアの屈折率を高くすることで，屈折率の異なる境界面で生ずる全反射により，光はクラッドの外に漏れることなくコア内を遠くまで伝搬することができる。

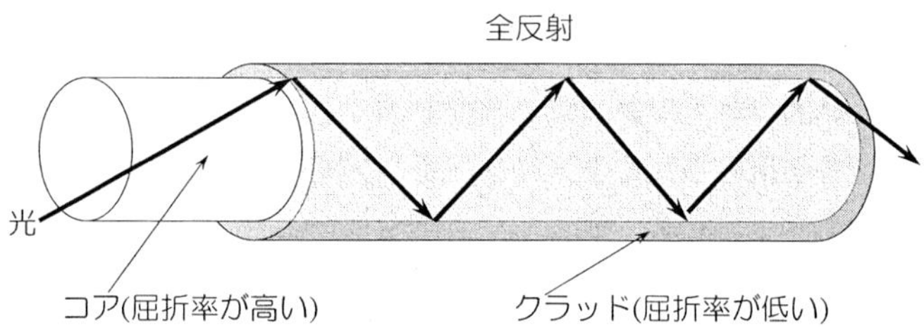

図 **2.3**　光ファイバーの構造

2.4.5　生 体 材 料

セラミックス材料は医療用にも用いられており，これらは，体内で不活性なものと生体と積極的に反応するものに大別される。詳細は後述するが，たとえば，ジルコニアは人工関節に，サファイアは人工歯根に用いられている。ジルコニアやサファイアは体内で非常に安定であり，生体反応を起こさず，機械的強度や耐食性に優れていることから，整形外科や歯科の領域で必要不可欠の材料である。

以上，ファインセラミックスを用いた機械部品の問題点と現状について述べたが，セラミックスを効果的に利用するには，応力集中を回避するなどの工夫が必要である。

2.5　セラミックスの破壊強度

セラミックスは，亀裂が生じやすく，もろい材料と考えられている。その破壊強度 (σ_f) は，グリフィスの式 (Griffith criterion) により与えられる。材料の中に存在する小さな割れ目があり，材料にかかる外部応力がある条件に達したときに，そこから割れが進行して破壊するという理論である。この微小亀裂をグリフィスの割れ目という。γ は，表面エネルギー，E はヤング率，C は臨界亀裂の大きさである。破壊靭性値 K_{IC} は $(2\gamma E)^{1/2}$ であるので，破壊強度は，

$$\sigma_f = \left(\frac{2\gamma E}{\pi C}\right)^{1/2} \propto \frac{K_{IC}}{C^{1/2}} \tag{2.1}$$

で与えられる。

セラミックスの原子間結合強度は高いが，材料にはマクロ的な亀裂が存在し，その先端に応力が集中して破壊に至ると考えられる。材料の強度を高めるには，靭性値 (K_{IC}) を大きく，欠陥 (C) を小さくすればよいことになる。

表 2.2　セラミックス材料と金属材料の性質

	セラミックス材料	金属材料
比重	小	大
ヤング率	大	小
硬度	大	小
伸び	小(極小)	大
衝撃強度	小	大
破壊靭性	小	大
熱膨張率	小	大
耐熱性	大	小～中(大)
耐食性	大	小
耐摩耗性	大	小～中
加工性	難	易

セラミックスの強度は，製造プロセスや加工工程において生じる種々の欠陥により，金属材料に比べて大きなばらつきを有する。セラミックスの強度に影響を及ぼす因子を，以下に示す。

- セラミックスに固有の因子として，結合状態，結晶構造，添加物，析出物，気孔 (大きさ，量，分布状態)，結晶粒 (粒径，粒形，分布状態) などがある。
- 外来因子として，加工亀裂，表面粗さ，加工ひずみ，熱・化学処理による表層の変質，測定条件 (雰囲気，荷重など) がある。

固有因子として，気孔，結晶粒子の形，大きさといったものが含まれ，外来因子としては，加工亀裂がもっとも大きく影響する。

セラミックスと金属の特性を比較すると，**表 2.2** のようになる。

構造用セラミックスは，耐熱性，耐食性，耐摩擦・摩耗性といった熱的，機械的性質に特徴を有する材料である。窒化ケイ素，炭化ケイ素，アルミナ，ジルコニアなどがよく利用され，

(1) 窒化ケイ素は，強度が高く，耐熱衝撃性に優れる，
(2) 炭化ケイ素は，高温での高い強度と高熱伝導性を有する，また
(3) アルミナは，酸化雰囲気下での安定性と経済性がある (値段が安い)，また
(4) ジルコニアは高い靭性を有し，断熱性がある

という特徴がある。

また，異種材料を組み合せて単相材料の特性を向上させる，あるいは，新しい機能を創出する目的でセラミックス複合材料が利用されている。**表 2.3** に複合セラミックスの特性を示した。複合セラミックスは，主に，機械特性の向上を目的に開発されてきており，複合化することによって，電気特性 (導電率) や熱伝導性などの機能も付与することが可能である。高温構造材料としては，主に，セラミックス同士の複合化がなされており，金属と複合化する場合は，常温付近での強度の向上は認められるものの，高温での強度や耐熱性が低下する。

表 2.3　複合セラミックスの特性

機能	適用分野	複合材料
高硬度，高強度，高靭性	切削工具，耐熱材料，耐摩耗材料	Al_2O_3–TiC
		Al_2O_3–SiC
		Al_2O_3–ZrO_2
高温強度，高靭性	熱機関	Si_3N_4–SiC
高熱伝導性，耐熱衝撃性，固体潤滑性	熱交換器，摺動材料	SiC–BN
		Si_3N_4–BN
高強度，耐酸化性，電気伝導性	導電材料（ヒーター）	SiC–TiC
		BN–TiB_2

通常の複合材料において，分散相は μm サイズの粒子を分散して特性の向上を図っているが，nm サイズの粒子を分散されることで機械特性が大幅に向上する場合がある。nm サイズの粒子を分散した複合材料を，ナノコンポジットという。たとえば，nm サイズの SiC 微粒子を分散した Al_2O_3(Al_2O_3–SiC 系) や，MgO(MgO–SiC 系) では，破壊靱性値，破壊強度，耐熱温度が向上している。

そのほかにも，ダイヤモンド (C)，ダイヤモンドライクカーボン (DLC)，立方晶窒化ホウ素 (BN)，炭化タングステン (WC)，炭化チタン (TiC) 等は，切削工具

として利用されている。炭素材料は，各種の構造材として使用される。また，低熱膨張材として LAS($Li_2O \cdot Al_2O_3 \cdot SiO_2$)，MAS($MgO \cdot Al_2O_3 \cdot SiO_2$)，チタン酸アルミニウム ($Al_2TiO_5$) などがあり，自動車用の排気部触媒担体や耐熱性の治具材料として実用化されている。

2.6　セラミックスの機械的性質

2.6.1　強度評価法

強度評価法は，金属材料での標準的な強度試験は引張試験であるが，セラミックスでは引張試験が難しいため，測定の精度，再現性，簡便さなどの理由で曲げ試験が行われている。曲げ試験法として 3 点曲げと 4 点曲げがあり，その測定法は，JIS R 1601:1995(ファインセラミックスの曲げ強さ試験方法) に記載されている。その概略を図 **2.4** に示す。静的荷重下での曲げ強さは次の式で表される。

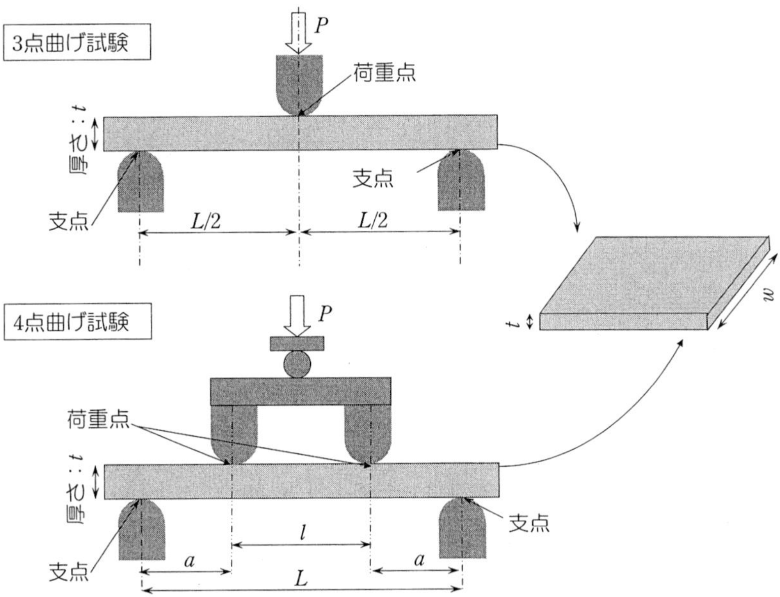

図 **2.4**　曲げ試験法 (JIS R 1601)

$$3\text{ 点曲げ強さ}：\sigma_{3p} = \frac{3PL}{2wt^2} \tag{2.2}$$

$$4\text{点曲げ強さ}:\sigma_{4p}=\frac{3P(L-l)}{2wt^2} \tag{2.3}$$

ここで，P は荷重，L は支点間距離，l は加重点間の距離，t は試料の厚み，w は試料の幅である。JIS R 1601 には，試験片の大きさについて規定されているので，詳しくは JIS R 1601 を参照されたい。

前述のように，セラミックス材料の破壊は，内部あるいは表面に存在する欠陥に由来するもので，これは原料，成形焼結，加工というプロセスによって大きく左右される。

2.6.2 セラミックスの機械強度と機械特性

セラミックスの破壊強度は，表面，および内部に存在する欠陥に依存することはすでに述べた。セラミック製品を製造する際，セラミックス表面の加工損傷も破壊強度に影響を及ぼす。たとえば，加工後のセラミックス表面の粗さと強度の関係は，ある表面粗さ以上になると強度が低下することがわかっており，この変化は，前述の式 (2.1)，$\sigma_f \propto 1/C^{1/2}$ に由来する。セラミックス表面の加工損傷がセラミックスの強度に影響を与えるため，加工の際に砥石の砥粒の大きさや加工方法などを考慮する必要がある。

(1) 圧縮強さ

金属のような延性材料では，引張強さと圧縮強さの間には大きな差はないが，セラミックスのような脆性材料では，差が生じる。金属とセラミックスとでは，破壊モードが異なるからである。セラミックスの場合，引張応力下では，亀裂先端の応力集中度が大きいため，欠陥が起点となり破壊が起こりやすいが，圧縮応力下では，応力方向が逆になるため，耐性は大きい。脆性域での圧縮応力と引張応力の比は，約 10 といわれている。

(2) 弾性率

セラミックスは，金属と比べて剛性が高いため，加工中の弾性変形が少なく，精密加工に適している。さらに，外部応力が加わる箇所に使用する場合でも変形が少ない。

セラミックスの弾性率の測定法としては，静的な方法と動的な方法がある。前者は，応力–歪曲線から弾性率を求めるものであり，後者には，共振周波数から求める共振法と，超音波の伝播速度から求める超音波法がある。

弾性率の具体的な求め方については，JIS R 1602:1995(ファインセラミックスの弾性率試験方法) に記載されている。構造用セラミックスで弾性率を比較すると，$SiC > Al_2O_3 > Si_3N_4 > ZrO_2$ の順になる。

(3) 硬度

セラミックスの特徴の一つに，硬度が高いことがあげられる。硬度測定法には，さまざまなものが知られており，ビッカース硬さ，ヌープ硬さ，ロックウェル硬さ，ブリネル硬さ，ショア硬さ，モース硬さ等がある。

ビッカース硬さ　対面角 136 度のダイヤモンドの四角錐圧子で試験面にくぼみをつけ，試験荷重とくぼみの対角線長から硬度を求める方法。

ヌープ硬さ　頂角が 172.5 度，対角線の長さの比が 1：7.11 のダイヤモンド四角錐圧子を用いて一定時間 (たとえば 15 秒程度) 加圧し，試料の測定面に四角錐の窪みをつけたときの荷重 (たとえば 0.98 N) を，くぼみの面積で割った値から求める方法。

ロックウェル硬さ　ダイヤモンド圧子や球圧子を用いて基準荷重を加え，試験荷重まで荷重を増加してから基準荷重に戻す。この前後 2 回の基準荷重時におけるくぼみの差から定義される硬さ。

ブリネル硬さ　直径 5 mm(または 10 mm) の鋼球圧子で試験面にくぼみをつけ，荷重とくぼみの表面積との比から定義される硬さである。

ショア硬さ　試料面上に一定の高さから先端にダイヤモンドを取り付けたハンマーを落下させ，そのはね上がり高さから硬さを求める方法である。

モース硬さ　鉱物関連分野で用いられる硬さであり，規定された 10 種類の鉱物で順次これを引掻いていき，傷がつけばその鉱物よりも柔らかいと判断するものである。

ビッカース硬さ，ヌープ硬さ，ロックウェル硬さ，ブリネル硬さは，押し込み硬さを評価する手法であり，ショア硬さは反発硬さ，モース硬さや鉛筆硬さは，引掻き硬さを評価する手法である。

表 2.4 は，代表的なセラミックスの硬度 (ビッカース硬度) である。硬さは，高温になるほど低下するが，その度合いは材料を構成する物質の化学結合状態に直接関係する。多結晶体の場合，たとえば，Si_3N_4 などでは，粒界に存在する粒子間層の性状に左右される。

表 2.4　セラミックスの硬度

	Al_2O_3	AlN	SiAlON	SiC	ZrO_2
ビッカース硬度(Hv)	1800	1000	1580	2200	1250

（4）破壊靭性

セラミックスを構造材料して用いる場合，破壊靱性値の向上が望まれる。たとえば，アルミナは高硬度で耐摩耗性や耐食性に優れるが，破壊靱性値が低くもろいという欠点があり，アルミナの高靭性化が図られれば，構造材料としての用途がさらに広がると考えられている。アルミナに TiC を添加した Al_2O_3–TiC 系複合材料では，アルミナよりも高い硬度を有する TiC を

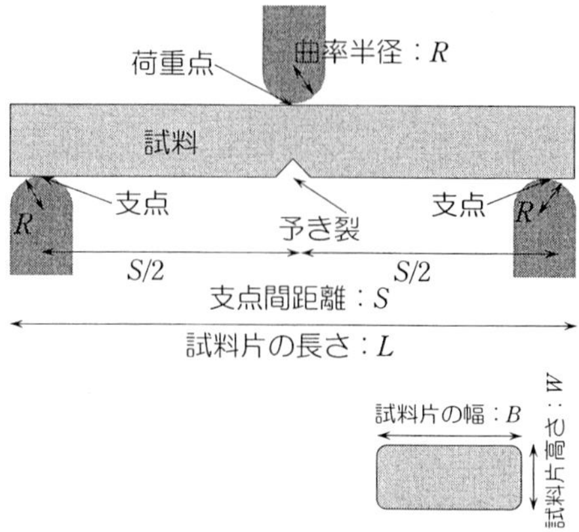

図 **2.5**　3 点曲げ破壊試験法

複合化することにより，破壊靱性値が増大して高い強度が得られており，金属切削工具に応用されている。また，アルミナにジルコニアを添加して複合化した Al_2O_3–ZrO_2 系複合材料では，ジルコニアの添加量と破壊靱性値の関係について報告されており，ジルコニアの添加量が増えるにつれて破壊靱性値は大きくなり，アルミナに対して 20 mass %の添加で 4 割強の強度増加が認められている。ただし，これ以上添加量を増やすと低下する。

ファインセラミックスの破壊靭性の評価法は，JIS R 1607:1995(ファインセラミックスの破壊じん (靱) 性試験方法) に記載されているので参照されたい。評価法には，予亀裂導入破壊試験法と圧子圧入法がある。前者は，予亀裂導入した試験片に対して，3 点曲げ破壊試験によって試験片の破壊荷重を測定し，予亀裂長さ，試験片寸法および曲げ支点間距離から，平面ひずみ破壊靱性値を求める方法であり，その試験方法を図 **2.5** に示した。 また，後者は，図 **2.6** に示すような方法で，ビッカース圧子を試験面に押し込むことによって生じる圧痕および亀裂の

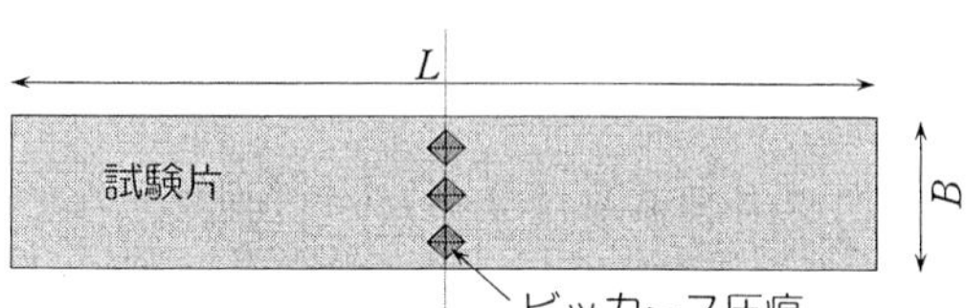

図 **2.6**　ビッカース圧痕の導入

長さを測定し，押し込み荷重，圧痕の対角線の長さ，亀裂長さおよび弾性率から破壊靱性値を求める方法である。

(5) クリープ特性

一定荷重あるいは一定応力のもとで，時間とともに進行する変形をクリープ (creep) いい，時間依存変形によって生じたひずみを，クリープひずみという。セラミックスは，破壊までの変形量が小さい (ジルコニアのような例外もあるが) ので，クリープ破壊強度の把握が重要である。

一定温度，一定荷重 (一定応力) のもとで試験されたときに得られるクリープひずみと，負荷時間の関係を示したものをクリープ曲線といい，通常，3 段階からなる。**図 2.7** に，典型的なクリープ曲線の例を示した。まず，クリープ速度が時間とともに減少する段階 (1 次クリープ) が現れ，続いて，クリープ速度がほぼ一定の段階 (2 次クリープ) となり，最後に，クリープ速度が加速し，材料が破壊される (3 次クリープ)。これらの 3 段階のクリープは，それぞれ，遷移クリープ，定常クリープ，加速クリープともいわれている。

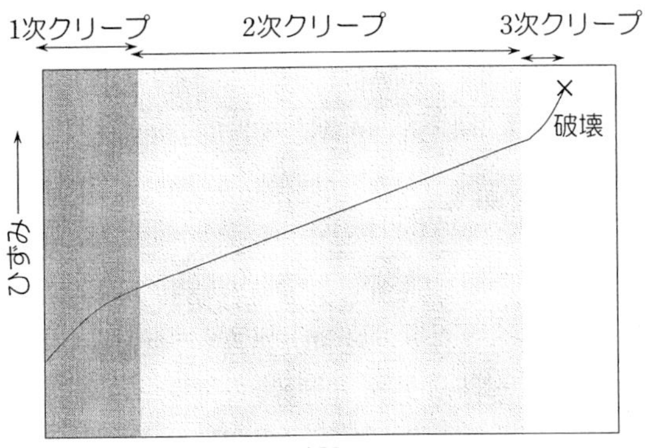

図 **2.7**　クリープ曲線

(6) サイクル疲労

セラミックスの疲労現象については，ガラス，アルミナなどで研究され，常温では，大気中の湿気による応力腐食の影響が大きいことが知られている。金属疲労では，繰り返して起る微小変形により損傷を受けることにより疲労していくのに対して，セラミックスの疲労は，金属における応力腐食割れなどに相当すると考えられる。したがって，セラミックスでは，亀裂の伝播の過程が重要である。

機械的疲労に関しては，一定の荷重下での静的疲労と，繰り返しの応力下での動的疲労に分けられる。

（7）摩擦・摩耗特性

セラミックスは，耐摩耗性に優れた材料であり，また，耐熱性にも優れることから，高温摺動部材への応用が期待されている。しかし，高温での摩擦・摩耗特性の評価は少なく，現象解明も行われていない。摩擦・摩耗特性は他の機械的性質に比べて影響する因子が多く，たとえば，摺動部表面の温度や雰囲気の温度・湿度，荷重，摺動速度，接触状態，摺動材料の種類など多岐にわたる。

セラミックスの潤滑剤として，摩擦低減効果の大きい二硫化モリブデン (MoS_2)，窒化ホウ素 (BN) のほか，タングステンシリサイド (WS) やフッ化カルシウム (CaF_2) や酸化鉛 (PbO)，硫化鉛 (PbS) などがあげられる。MoS_2 や PbO は，潤滑薄膜として使用された実績もある。

セラミックス材料では，環境によって摩擦特性が異なる場合がある。たとえば，窒化ケイ素 (Si_3N_4) は，大気中に比べて減圧下では摩擦係数の増加がみられる。

また，メカニカルシールの分野への応用では相手材との関連が重要であり，炭素系材料に対しては SiC が優れた材料として実用化されている。また，高温下ではクロム系の化合物が低摩擦係数を示すなどの報告もある。

2.6.3　セラミックスの熱的性質

（1）耐熱性

一般に，セラミックスは，金属よりも耐熱性は優れている。しかし，その耐熱性は材料ごとに異なる。セラミックス材料の融点 (分解温度) を比較すると，炭化物 > 窒化物～ホウ化物 > 酸化物 の傾向にあることがわかる。この傾向は，セラミックスを構成する元素 (原子やイオン) の結合強度と関係している。

構造用セラミックスの代表である Si_3N_4 や SiC は，常圧下では溶けず，それぞれ，1 900°C，2 500°C 前後で分解する。Si_3N_4 は，Si を N が共有結合で架橋する構造である。空気中で加熱すると，表面に SiO_2 皮膜が生じて内部への酸化の進行を抑えるため安定であるが，アルカリには侵されてケイ酸塩とアンモニアに分解される。SiC に代用される炭化物系セラミックスは，融点が高いものが多く，たとえば，TaC や TiC の融点は，それぞれ，3 980°C，3 070°C と非常に高い。しかし，これら非酸化物系化合物は，分解しやすいものが多い。分解前までは結合強度自体が高いため，高温での強度部材としての利用に有望視されている。これに対し酸化物は，融点は低いものの一般に空気中で安定であり，使いやすい材料である。

(2) 熱伝導率

熱伝導は，フォノン (格子振動) および伝導電子が担っている。金属においては，主に，伝導電子が熱伝導を担っており，一般に伝導電子による寄与が大きいので，金属は，半導体やセラミックスなどの絶縁体より熱伝導性が良い。一般的に，イオン結合，共有結合からなるセラミックスやダイヤモンドでは，フォノンを介した熱伝導性が非常に大きい。したがって，セラミックスの熱伝導率は金属に比べて著しく低く，セラミックスは保温材や断熱材などとして用いられることがある。たとえば，アルミナやジルコニアの多孔焼結体や球状中空粒などは，高温断熱材として知られている。また，電子材料分野でも，IC，LSI の基板パッケージ用材料として，熱伝導率の小さいアルミナが用いられており，このほかにも，AlN や SiC もこの分野で注目される材料である。

多結晶体セラミックスの熱伝導率は，理論値に比べてかなり低い。これは，多結晶体セラミックスが微小な結晶粒の集合体であり，フォノンの散乱の要因 (歪，転移，格子欠陥，不純物の固溶，粒界，気孔，クラックなど) が数多く存在するためである。

(3) 熱膨張率

熱膨張は，温度の上昇に伴って，原子間距離が増大することにより生じる。一般に，セラミックスの場合，その結合様式からみても，金属やプラスチックよりも熱膨張率が小さい。しかし，一部のセラミックス，たとえば，MgO や ZrO_2 などのように，金属に近いかあるいはそれ以上の高い熱膨張係数 (MgO：$14 \times 10^{-6}/°C$，ZrO_2：$7.9 \times 10^{-6}/°C$) を有しているものも多い。工業的には，耐熱衝撃性からみて，低熱膨張セラミックスへの期待が大きい。**表 2.5** に，代表的なセラミックスおよび低膨張セラミックスの熱膨張率を示す。

表 2.5 セラミックスの熱膨張率 (/°C)

代表的なセラミックス						
	Al_2O_3	AlN	Si_3N_4	SiC	SiAlON	ZrO_2
熱膨張率	7.0×10^{-6}	4.5×10^{-6}	3.2×10^{-6}	4.3×10^{-6}	2.6×10^{-6}	7.9×10^{-6}

低熱膨張セラミックス				
	BN	コージェライト ($2MgO\cdot2Al_2O_3\cdot5SiO_2$)	Al_2TiO_5	LAS ($Li_2O-Al_2O_3-SiO_2$)
熱膨張率	$0.2\sim2.9\times10^{-6}$	$0\sim1.8\times10^{-6}$	$0.5\sim1\times10^{-6}$	0.5×10^{-6}

(4) 耐熱衝撃性

セラミックスのような脆性材料に，外部から機械的あるいは熱応力が加わると，材料内に存在するクラックの先端に応力集中が起り，応力が材料の最弱結合強度をこえると，破壊が起る。材料を急熱急冷すると材料内に温度が分布を生じ，これにより，熱膨張差が生れ，熱応力が発生する。熱応力により材料に亀裂が生じることを熱衝撃亀裂といい，セラミックスではこのような亀裂が問題となっている。

熱衝撃抵抗 R は，熱伝導率 λ，引張り強さ σ，熱膨張係数 α，弾性率 E とすると，

$$R \propto \frac{\lambda\sigma}{\alpha E} \tag{2.4}$$

なる関係がある。

また，熱衝撃抵抗には，熱衝撃亀裂の発生に対する抵抗性を示す熱衝撃破壊抵抗と，亀裂が発達し損傷していく熱衝撃損傷抵抗に分けられ，構造材料としてセラミックスを使用する場合は，前者の熱衝撃破壊抵抗が問題となっており，材料間の比較に用いられる。

急激な温度変化に対する熱衝撃破壊抵抗係数 R' は，

$$R' = \sigma \times \frac{1-\nu}{\alpha E} \tag{2.5}$$

で表される。ここで，ν はポアソン比である。

たとえば，Si_3N_4，SiC，Al_2O_3 について，これらの物性を基に R' を求めて比較すると，

$$R'_{Si_3N_4} > R'_{SiC} > R'_{Al_2O_3}$$

となる。

2.6.4 セラミックスの化学安定性

(1) 耐酸化性

Si_3N_4 や SiC のような非酸化物は，大気中で加熱すると，酸化して二酸化ケイ素を表面に形成するが，セラミックスとしては，それが保護膜となり内部への酸素の侵入を防ぐので，酸化雰囲気下でも使用できることになる。

Si_3N_4 の酸化反応は，通常，900°C の酸素雰囲気下で，

$$Si_3N_4(s) + 3O_2 = 3SiO_2(s) + 2N_2 \tag{2.6}$$

の式に従い進行し，SiO_2 表面酸化膜が形成される。酸化膜の形成に伴い重量が増加し，一般的に次式の放物線則に従う。

$$(dW)^2 = kt + C \tag{2.7}$$

ここで，dW は重量増，t は時間，k は反応速度定数，C は定数である。

放物線則に従うことは，表面生成酸化膜を通して酸素の拡散が酸化を支配していることを意味し，生成膜の状況により酸化挙動が異なってくる。生成するシリカ膜は，保護膜として作用して酸化を遅らせるが，非晶質膜でなければこの効果は少ない。また，温度が高いほど，酸素分圧が高いほど結晶化が進み，酸化が進行しやすくなる。

SiC は，Si_3N_4 よりも耐酸化性に優れており，高温用構造材料として適している。SiC の酸化は，

$$SiC + 3/2O_2 = SiO_2(s) + CO \tag{2.8}$$

により進行し，シリカ保護膜を形成する。

Si_3N_4 の場合と同様に，この酸化反応は酸素分圧等により左右され，保護膜の効果の程度も変化する。

(2) 耐食性

セラミックス材料の耐食性は，セラミックスが酸性か，アルカリ性か，その程度がどれくらいなのかによる。主要なセラミックスを構成する元素に注目し，イオンの電荷と陽イオン半径を図 **2.8** にプロットしたものである。

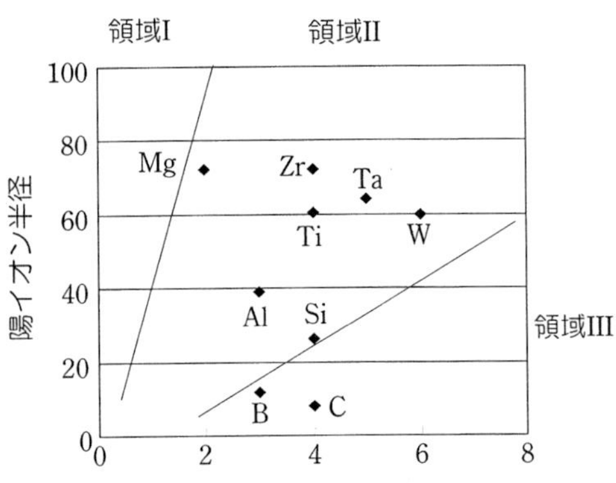

図 **2.8**　陽イオン半径と陽イオン電荷による酸性，アルカリ性領域

また，各種元素をイオン化ポテンシャルから分類した酸，アルカリの領域を示した。領域I，II，IIIは，それぞれ，アルカリ性，両性，酸性に属するものである。Si，Al，Zr は，すべて領域II(両性域) に存在する。Al，Zr は，領域IIの中間に位置するのに対して，Si は，領域III(酸性域) との境界付近に位置しており，Si は Al や Zr と比べると酸性的挙動を示す，すなわち，アルカリと反応しやすいと考えられる。しかし，セラミックスの耐食性は，存在する気孔，添加物や不純物，粒界などに大きく依存し，酸性，アルカリ性だけでは判断できない場合がある。

Si_3N_4 は，窒素雰囲気下では，分解点 1900°C まで安定であるが，還元雰囲気下では，それ以下の温度で分解を起し，Si と窒素を生じる。SiC は，窒素雰囲気下では不安定で高温で，Si_3N_4 を生じる。水素雰囲気下では，1400°C 近くまで耐えるが，それ以上では反応する。Al_2O_3 は，ガスに対して一般的に安定である。ZrO_2 も，還元雰囲気下では構造内の酸素が抜け，酸素欠陥構造となる。

つぎに，酸，アルカリ，溶融塩に対する耐食性について述べる。

Si_3N_4 は一般にフッ酸を除く酸に対しては安定であるが，アルカリに対しては，低濃度溶液の場合以外は侵食されてアンモニアガスを発生する。

SiC は，濃燐酸以外の酸には耐食性を有するが，反応焼結によりつくられた炭化ケイ素は遊離 Si を含み，フッ硝酸には腐食される。アルカリ水溶液に対しては安定であるが，溶融アルカリに対しては侵される。また，PbO，PbO_2，V_2O_5 には侵される。多くの金属酸化物とは高温で反応して金属酸化物の酸素を奪い，自らは酸化される。

Al_2O_3 は，ほとんどの酸に対して耐食性があるが，熱燐酸には侵される。逆にいえば，熱燐酸をエッチング液として利用することもできる。フッ酸に対してはアルミナ純度が低いと腐食されるが，高純度なものはほとんど侵されない。Al_2O_3 のアルカリに対する耐食性は，水溶液に対しては優れているが，溶融アルカリ，とくに，水酸化カリウムには激しく侵される。溶融塩には比較的安定である。

ZrO_2 は，酸よりアルカリに対して耐食性を示すが，これは安定化のために加えた添加剤に関係しているともいわれている。ZrO_2 は，溶融塩に対しては比較的耐食性がある。

溶融金属に対する耐食性に関して，セラミックスが溶融金属と反応するか否かを調べる方法の一つに，ぬれ性 (接触角) を測定して判断する方法があるが，これだけでは，溶融金属に対する耐食性を十分に説明できない。

Si_3N_4 は，Al，Pb，Sn，Zn，Ag，Au 等とは反応しないが，アルカリ金属の Li，Na，アルカリ土類金属の Mg，さらには，Ti，V，Cr，Fe，Cu，Zr，Nb，Ta，

W 等とは反応する。これらの大部分は，窒化物，炭化物，珪化物を生成するもので，これにより侵食される。SiC は，多くの溶融金属に対して耐食性を示すが，Li，Na 等のアルカリ金属，および，Al，Pt 等とは反応する。Al_2O_3 は，アルカリ金属，アルカリ土類金属，Ti を除く金属に対して耐食性を示す。

第3章　高分子材料

高分子とは，主鎖の原子が共有結合してできる分子であり，一般的には原子の数が1 000個程度以上，あるいは，分子量が10 000程度以上のものを，高分子という。可塑性を有し，任意の形に加工・成型できる高分子物質で人工的に合成されたものを，プラスチックという。プラスチックの特徴は，一般に，断熱性で電気絶縁性に優れ，軽量で耐衝撃性に優れ，加工性に優れるといった特長があり，また，金属のようにさびることはない。一方，大きい外力で破壊しやすい，有機溶剤に溶ける，耐熱性が不足している，静電気を発生しやすいといった短所もある。

機械材料としての高分子材料は，大きく分けると熱硬化性樹脂と熱可塑性樹脂に分類される。

熱可塑性樹脂 (thermoplastic resin) は，ガラス転移温度 (T_g)，または，融点 (T_m) まで加熱することで軟化し成形される樹脂のことを指し，多くは，付加重合による鎖式構造を有する。熱可塑性樹脂を用途により分類すると，汎用プラスチック類として，ポリエチレン (PE)，ポリプロピレン (PP)，ポリスチレン (PS)，ポリ酢酸ビニル，フッ素樹脂，ABS 樹脂，AS 樹脂，アクリル樹脂 (PMMA) などがある。エンジニアリングプラスチック (いわゆる“エンプラ”) 類として，ポリアミド (PA)，ポリカーボネート (PC)，ポリエチレンテレフタレート (PET) などがある。スーパーエンプラとして，ポリエチレンサルファイド (PPS)，ポリサルホン (PSF)，ポリエーテルサルホン (PES)，ポリイミド (PI)，ポリエーテルエーテルケトン (PEEK)，液晶ポリマー (LCP) などがある。

エンプラは高機能高分子材料であり，耐熱性が100°C以上，強度が49.0 MPa以上，曲げ弾性率が2.4 GPa以上あるプラスチックのことである。耐熱性がさらに高い，150°C以上の高温で長期使用可能なものをスーパーエンプラといい，エンプラと区別していうこともある。

一方，熱硬化性樹脂 (thermosetting resin) は，加熱によりグラフト重合がすすんで網目状の構造を形成し，硬化して元に戻らなくなる樹脂のことを指す。多くは，縮合重合により形成される。熱硬化性樹脂として，フェノール樹脂，エポキシ樹脂，メラミン樹脂，尿素樹脂，不飽和ポリエステル，アルキド樹脂などがある。

高分子材料は，さらに結晶性と非結晶性に分類される。

結晶性とは，高分子鎖が規則正しく配列されて硬化する (結晶構造を形成する) 高分子材料の総称である。結晶性高分子に共通した特徴として，耐薬品性に優れる，機械強度特性に優れる，成形時の収縮が大きい (硬化時の変形が大きく，収縮率が 1 %以上のものが多い)，明確な融点がある，非結晶性の透明材料に比べて透明度が低い，などの特徴がある。

結晶性高分子の代表的なものとしては，高密度ポリエチレン (HDPE)，ポリプロピレン (PP)，ポリアミド (PA)，ポリエチレンテレフタレート (PET)，液晶ポリマー (LCP) などがある。

非結晶性高分子とは，高分子が結晶をもたない性質であることであり，非結晶性高分子は，高分子鎖の温度が低下しても不規則な配列をとる高分子の総称である。

非結晶性高分子に共通した特徴として，耐薬品性に劣る，耐摩耗性に劣る (複雑に分子同士が絡んでいないため，摩耗には弱い)，成形時の収縮が小さい (硬化時の収縮率が 0.2～0.5 %程度であり，結晶性高分子に比べて小さい)，融点が不明確である，透明なものが多いなどの特徴がある。

3.1　機械的性質

3.1.1　弾性率と応力–ひずみ曲線

高分子材料の力学的性質は，金属材料とは大きく異なる。つまり，高分子材料の力学的性質は，温度と変形速度に依存して，著しく変化することである。これは，高分子材料が弾性と粘性の性質を併せもっているためである。

単位密度あたりの弾性率 (比弾性率) と，単位密度あたりの強度 (比強度) は，金属と比べると高いが，弾性率と強度は低く，構造用材料として用いる場合には，変形量を計算するなどして十分に考慮する必要がある。

また，高分子材料に外力を加えて引き伸ばしていくとき，高分子材料にかかる応力とひずみの関係を示したのが，応力–ひずみ曲線である。高分子材料の応力-ひずみ曲線は，およそ，**図 3.1** に示すように，(a) やわらかく弱い，(b) 硬くもろい，(c) 硬く強い，(d) やわらかく粘り強い，(e) 硬く粘り強い，の 5 種類に分類される。たとえば，(a) は，やわらかい高分子ゲル，(b) は，ポリスチレン (一般

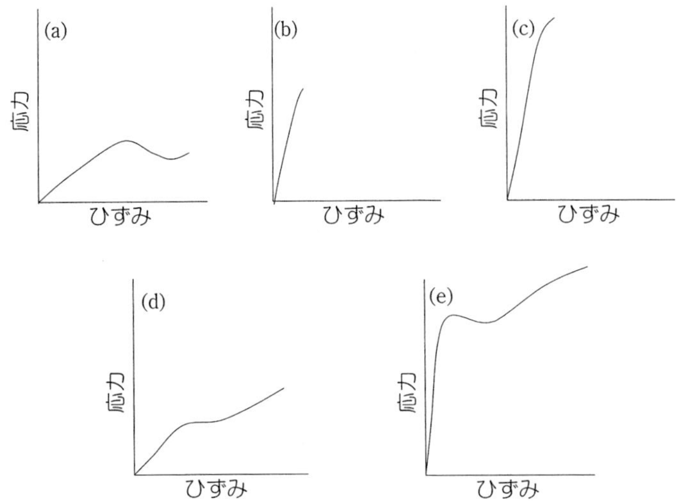

図 **3.1**　高分子材料の応力–ひずみ曲線

用)，メタアクリル樹脂，フェノール樹脂などで，降伏点以上では破断する。(c) は，硬質塩化ビニル樹脂や AS(アクリロニトリル・スチレン) 樹脂などで，降伏点付近で破断する。(d) は，軟質塩化ビニル樹脂や低密度ポリエチレン，高密度ポリエチレンやポリプロピレンやフッ素樹脂などで降伏点は低く，カーブは平坦である。(e) は，ABS(アクリロニトリル・ブタジエン・スチレン) 樹脂，ポリアミド，ポリスルホン，ポリカーボネートなどがあり，降伏点は高い。

3.1.2　クリープと粘弾性特性

図 **3.2**(a) に示すように，高分子材料に一定の外力を加えたままの状態で放置すると，ひずみが徐々に増大していく。この現象をクリープ (遅延現象) という。一般に，外力が小さく放置時間が短ければ，外力を取り除くとひずみは回復するが，外力が大きく放置時間が長いと，ひずみは回復しなくなり，さらに，外力を大きくする，あるいは放置時間を長くすると，破壊に至る。

また，高分子材料に一定の応力を負荷するとき，ひずみが時間経過とともに増加する。すなわち，図 **3.2**(b) に示すように，ひずみを一定に保った状態で保持すると，ひずみによる応力は時間の経過とともに減少する。この現象を応力緩和という。

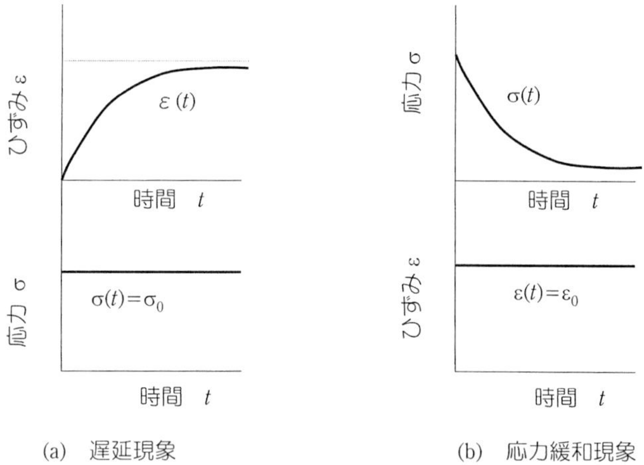

図 **3.2**　遅延現象と応力緩和現象

高分子材料は，先に述べたように，弾性と粘性の性質を併せもっており，これを粘弾性という。この粘弾性特性は，前述のクリープ現象や応力緩和現象として現れる。高分子材料の粘弾性特性の説明には，弾性を示すバネ (図 **3.3**(a)) と，粘性を示すダッシュポット (図 **3.3**(b)) の組合せが利用されている。

図 **3.3**(c) に示すように，バネとダッシュポットを直列に連結した場合を，マックスウェルモデル (Maxwell model) という。図 **3.3**(c) において，ある変形 (ひずみ) を与えた瞬間にはダッシュポットは動かず，バネは伸びる。そのひずみに対応した力 (応力) がバネに蓄えられるが，しだいに，ダッシュポットが変形しはじ

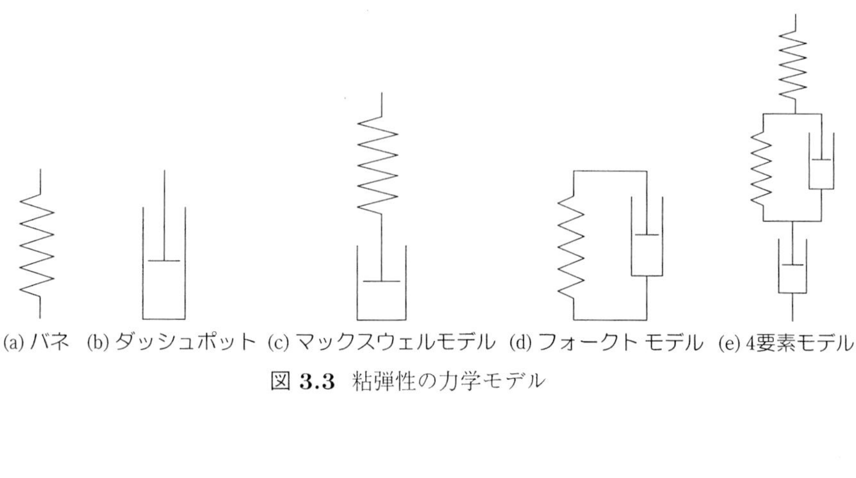

図 **3.3**　粘弾性の力学モデル

めて，応力が減少していく。すなわち，マックスウェルモデルが応力緩和減少に相当する。バネ，ダッシュポットのひずみと応力をそれぞれ，ϵ_s，ϵ_d，σ_s，σ_d とすると，この系全体のひずみ ϵ は，バネとダッシュポットのひずみの和であることから，

$$\epsilon = \epsilon_s + \epsilon_d \tag{3.1}$$

となり，また，この系全体の応力 σ は，

$$\sigma = \sigma_s = \sigma_d \tag{3.2}$$

となる。ここで，

$$\sigma_s = \epsilon_s \times E \tag{3.3}$$

$$\sigma_d = \eta \times \frac{d\epsilon_d}{dt} \tag{3.4}$$

の関係がある。ただし，E はバネの弾性率，η はダッシュポットの粘性係数である。

式 (3.1)，式 (3.3) を時間微分して，式 (3.2)，式 (3.4) より，

$$\frac{d\epsilon}{dt} = \frac{d\epsilon_s}{dt} + \frac{d\epsilon_d}{dt} = \frac{1}{E}\frac{d\sigma}{dt} + \frac{\sigma}{\eta} \tag{3.5}$$

ここで，初期条件 $d\epsilon_d/dt = 0$，$t = 0$ で $\sigma = \ \sigma\ 0$ より，式 (3.5) は，

$$\sigma(t) = \sigma_0 \exp\left(-\frac{Et}{\eta}\right) \tag{3.6}$$

となる。

また，$\eta//E = \tau$ とすると，式 (3.6) は，

$$\sigma(t) = \sigma_0 \exp\left(-\frac{t}{\tau}\right) \tag{3.7}$$

となる。ここで，τ は，緩和時間である。

$$\epsilon(t) = \epsilon_0 \tag{3.8}$$

で，式 (3.7) と式 (3.8) の関係を図示すると図 **3.2**(b) のようになる。

一方，図 **3.3**(d) に示すように，バネとダッシュポットを並列に連結した場合を，フォークトモデル (Voigt model) という。バネ単独の場合は，一定の応力を加えると瞬間的に変形する。一方，ダッシュポット単独の場合は，徐々に変形し，時間の経過とともに変形し続ける。図 **3.3**(d) に示すような系において応力を加え続けた場合，バネの変形は，瞬間的には，ダッシュポットによって抑えられるが，時間の経過とともにバネが変形するため，系全体では変形が増加する。この

系に加わる応力 σ は，バネに加わる応力とダッシュポットに加わる応力の和であるので，

$$\sigma = \sigma_s + \sigma_d \tag{3.9}$$

となり，また，この系全体のひずみ ϵ は，

$$\epsilon = \epsilon_s \epsilon_d \tag{3.10}$$

である。

式 (3.3)，式 (3.4)，式 (3.9)，式 (3.10) より，

$$\sigma = \sigma_s + \sigma_d = E\epsilon + \eta \frac{d\epsilon}{dt} \tag{3.11}$$

いま，$\sigma = \sigma_0$(一定) の応力をかけるとすると，式 (3.11) は，

$$\frac{d\epsilon}{dt} = \frac{1}{\eta}\left(\sigma_0 - E\epsilon\right) \tag{3.12}$$

となり，また，$t = 0$ のとき，$\epsilon(0) = 0$ であることを考えると，

$$\epsilon(t) = \frac{\sigma_0}{E}\left[1 - \exp\left(-\frac{Et}{\eta}\right)\right] \tag{3.13}$$

となる。

これを図示すると図 **3.2**(a) のようになり，時間の経過とともにひずみが増大し，最終的には σ_0/E で与えられるひずみに到達することを示している。

式 (3.13) は，一定の外力を加えたままの状態で放置するとひずみが徐々に増大していく現象，すなわち，クリープを表しており，ひずみが σ_0/E に到達するまでに時間を要することから，遅延現象という。

また，マクッスウェルモデルとフォークトモデルの両者を組み合せた 4 要素モデル (図 **3.3**(e)) も，実際の粘弾性特性の解析に用いられている。

3.1.3　動的粘弾性特性

3.1.2 で述べた応力緩和やクリープのように，一定のひずみや一定の応力を加えた後の挙動を調べるのでなく，時間とともに正弦的に変化するひずみや応力を加えて，それらに対する応力やひずみを調べることによって，高分子材料の粘弾性特性を決定することを，動的粘弾性測定法という。**3.1.2** で述べた粘弾性は，動的粘弾性と区別して，静的粘弾性ということもある。高分子材料に正弦波の応力を加えると，発生するひずみも正弦波となる。完全弾性体の場合は，加えた応力に対して遅れることなくひずみが検出されるのに対し，粘弾性特性を有する高分

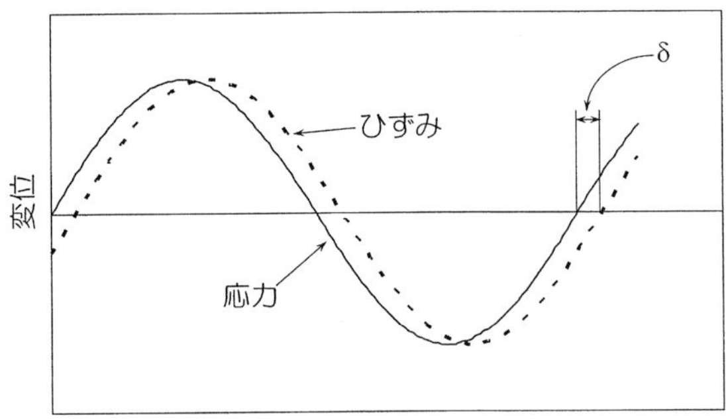

図 **3.4**　応力とひずみの位相差

子材料の場合は，加えた応力とひずみの位相 (δ) にずれが生じる (図 **3.4**)。

いま，

$$ひずみ\quad \epsilon(t) = \epsilon_0 \cdot \exp(i\omega t) \tag{3.14}$$

であるとすると，応力は，ひずみよりも δ だけ位相が進んでいることから，

$$応力\quad \sigma(t) = \sigma_0 \cdot \exp[i(\omega t + \delta)] \tag{3.15}$$

となる。

弾性率 E^* は，

$$\sigma(t) = E \cdot \epsilon(t) \tag{3.16}$$

より，

$$E^* = \frac{\sigma_0}{\epsilon_0} \cdot \exp(i\delta) = E' + iE'' \tag{3.17}$$

となり，この E^* を複素弾性率という。

複素弾性率は，図 **3.5** に示すように，複素平面上で実数部と虚数部に分離できる。実数部 ($E' = E^* \cos\delta$) は貯蔵弾性率で，静的粘弾性の弾性に相当している。これは，1 周期あたり貯蔵され完全に回復されるエネルギーの尺度を表し，材料が弾性的にエネルギーを

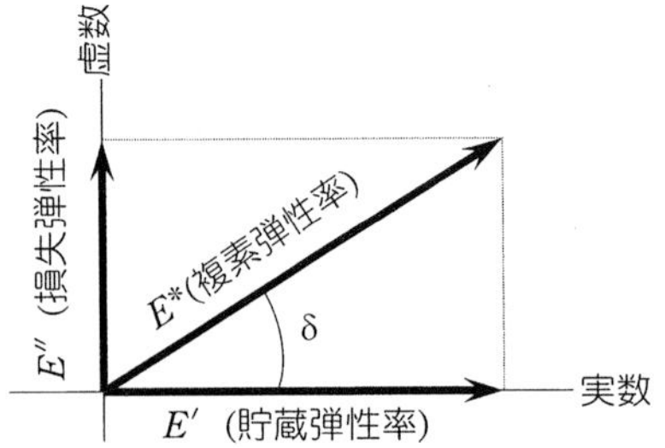

図 **3.5**　複素弾性率

貯蔵する能力に関連している。虚数部 ($E'' = E^* \sin\delta$) は損失弾性率といい，静的粘弾性の粘性に相当し，1 周期あたり熱として失われるエネルギーを表している。材料が応力を熱として散逸する能力に相当する。また，$E''/E' = \tan\delta$ を損失正接といい，高分子材料が変形する際に，高分子材料がどの程度のエネルギーを吸収するかを示しており，分子運動が始まる温度にピークがある。一般に，E'' と $\tan\delta$ 曲線で観測される分散ピークのピーク温度は，ガラス転移温度に相当する。

いま，マックスウエルモデルに式 (3.14) で表されるひずみを与えた場合を考えると，式 (3.5) の解は，

$$\sigma(t) = \left(\frac{\omega^2\tau^2}{1+\omega^2\tau^2} + i\frac{\omega\tau}{1+\omega^2\tau^2}\right) \cdot E \cdot \epsilon(t) \tag{3.18}$$

となる。ただし，式 (3.18) で，

$$\tau = \frac{\eta}{E} \tag{3.19}$$

である。

すなわち，式 (3.17)，式 (3.18) より

$$E' = \frac{\omega^2\tau^2}{1+\omega^2\tau^2}E \tag{3.20}$$

$$E'' = \frac{\omega\tau}{1+\omega^2\tau^2}E \tag{3.21}$$

が成り立つ。貯蔵弾性率 (E') と損失弾性率 (E'') を周波数 ω の関数としてプロットしたのが図 **3.6** である。ここで，τ は緩和時間といわれるもので，式 (3.19) で表される。

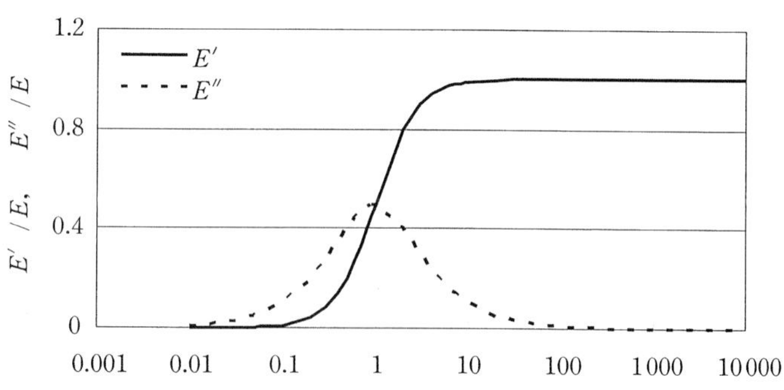

図 **3.6**　動的粘弾性関数の周波数特性

マックスウェルモデル (Maxwell model) の貯蔵弾性率 (E') と損失弾性率 (E'') は，周波数 (ω) に依存しており，貯蔵弾性率は周波数が高くなるに連れて増加する。損失弾性率は $\omega\tau = 1$ で極大値をとる。

3.1.4 衝撃特性

高分子材料の機械特性の一つに衝撃特性がある。引張強度，圧縮強度，せん断強度などの機械強度の評価は，材料が破壊される応力で表されるのに対し，衝撃特性の評価は，材料が，単位断面積あたりに吸収した破断エネルギーで表している点で異なる。衝撃強度は，高速の衝撃を高分子材料に加えて測定するもので，アイゾット衝撃試験 [JIS K 7110:1999(プラスチック—アイゾット衝撃強さの試験方法)] や，シャルピー衝撃試験 [JIS K 7111:1996(プラスチック—シャルピー衝撃強さの試験方法)] などの試験法が確立されている。これら試験法において，試験試料に所定のノッチ (V 字形の切込み) を付けたものを用いる場合と，付けないものを用いる場合とがあるが，一般的には，ノッチを付けた試験試料を用いる。衝撃強度は，ノッチ先端の曲率半径によっても変化する。曲率半径が小さいものほど衝撃強度は低い値を示す。

(1) アイゾット衝撃試験

図 3.7 に示すように，試験片の一端を固定して振子式ハンマーで衝撃破壊したときの，吸収エネルギー量を測定する試験法である。衝撃エネルギーの値は，振り子 (ハンマー) の振り下ろす前の位置エネルギーと，試験片破壊後に残された振り子の位置エネルギーの差で表される。これらエネルギーを正確に定量するため

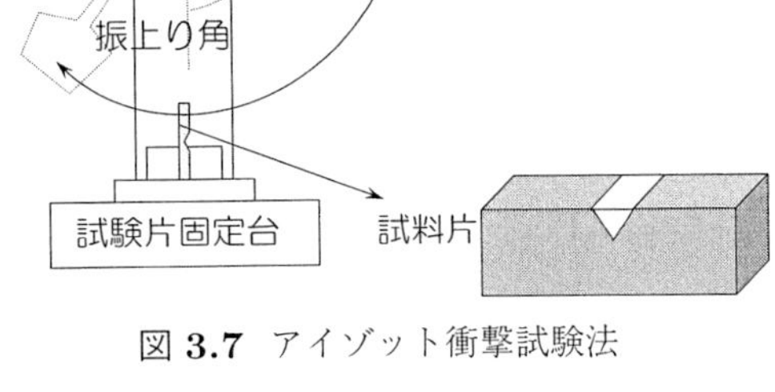

図 **3.7** アイゾット衝撃試験法

に，摩擦や空気抵抗によるエネルギー損失を正確に測定しなくてはいけない。アイゾット衝撃試験では，前述のように，試験片に切込みを入れる場合 (ノッチ付) と入れない場合がある。アイゾット衝撃試験材料の脆性や靭性の尺度として用いられている。

高分子材料の中で耐衝撃性の高い材料として，たとえば，ポリカーボネート (PC) がある。PC は，C═O 基を分子構造内にもつ極性の高い鎖構造であり，分子間引力が強く，分子鎖がすべて剛直していない (やや低い弾性率) ことから，強靭さを有している。また，耐熱性もあり，T_g は 155°C であるため，130°C 付近まで使用できる。耐衝撃性について，分子の構造設計によっても試みられているが，PC ほどのアイゾット値は得られてない。

(2) シャルピー衝撃試験

基本的な原理は，前述のアイゾット衝撃試験法と同じであるが，層間せん断破壊を起す材料や，その環境要因の影響を受ける材料の衝撃試験に適している。すなわち，充填材や強化材入りの硬質高分子成形材料などに適しており，たとえば，繊維強化プラスチック (FRP) などの衝撃試験法として用いられる。

(3) 落錘衝撃試験法 (JIS K 7211)

図 **3.8** に示すような重錘 (鋼球) を平板状の試験片に，一定の高さから落下させ，試験片の 50 %が破壊するときの，重錘の高さから衝撃エネルギーを計算する方法である。試験片の破壊 (損傷状態) は目視で判定する。

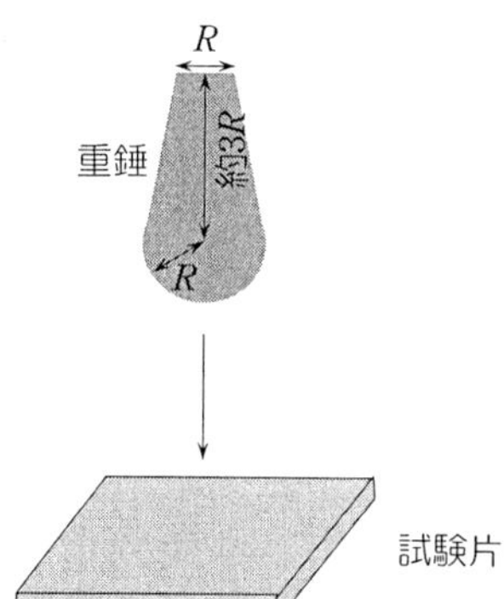

図 **3.8**　落錘衝撃試験法

3.2　高分子材料の特性

ここでは機械材料として，代表的な熱可塑性高分子材料について具体的な特性とその用途に関して述べる。

3.2.1　ポリエチレン

ポリエチレン (PE) は，構造式 $-(CH_2-CH_2)_n-$ で表され，n は繰り返し数，すなわち重合度を示し，重合法によって，低密度 PE，直鎖状低密度 PE，高密度 PE，超高分子量 PE に分類される。低密度 PE は，短鎖分岐と長鎖分岐をもち，密度が 0.91～0.94 であり，直鎖状低密度 PE は，直鎖状で短鎖分岐をもち密度が 0.91～0.94 であり，高密度 PE は分岐がほとんどなく，密度が 0.94～0.97 である。PE は，一般に，軽量で耐薬品性や耐水性に優れ，誘電損失が小さく電気絶縁性に優れるという特徴を有している。

表 3.1　ポリエチレンの物性

物性	線状低密度PE	低密度PE	高密度PE	超高分子量PE
密度(g/cm^3)	0.91～0.925	0.91～0.925	0.941～0.965	0.940～0.950
融点(℃)	122～124	107～120	120～140	120～135
加工温度範囲(℃)	—	−51～66	−51～121	—
破断強度(MPa)	15～35	9～30	20～40	42～53
破断伸度(%)	450～1 000	100～600	10～1 200	420～530
線膨張係数(×10^5/℃)	15～22	10～22	11～13	7～8

表 3.1 に，ポリエチレンの諸特性をまとめた。PE の短鎖構造によって影響を受ける物理的性質は，比重，結晶，透湿度，剛性，降伏点，溶融点，曇点，破断時の伸び，硬度，Vicat 軟化点である。長鎖構造が影響する物理的性質としては，破断時の抗張力，溶融時の物性である。分子量によって変る物理的性質としては，強度全般および溶融時の物性である。

低密度 PE は，食品包装など各種包装用のフィルムや，フィルムを貼り合せたラミネート体，包装用容器，軟質成形品や電線被覆等に用いられている。直鎖状低密度 PE はフィルムとして利用されることが多く，耐熱性・耐寒性に優れる，高強度，伸びが大きく強靭で，フィルムを貼り合せる場合のヒートシール強度が大きく，印刷性がよい等の特徴がある。こうした特徴から，強度が要求される包装材料，たとえば，一部のゴミ袋やストレッチ包装，重包装のほか，農産物包装や冷凍食品包装などに用いられる。これらの包装材は，直鎖状低密度PEフィルム単体で用いられるか，あるいは，他のフィルムと貼り合せるラミネートフィルムして用いられている。フィルム以外の包装用の用途には，各種容器のふた，たとえば，気密容器のふたや洗剤ボトルのキャップなどがある。高密度PEは包装用フィルム，各種瓶および容器，各種コンテナなどの成形品などに用いられている。超高分子量PEの平均分子量は粘度法で100万～600万であり，一般の高密度PE(2万～20万)に比べてきわめて大きく，そのため，一般の高密度PEやそのほかのエンジニアリングプラスチックに比べて，とくに，耐摩耗性，耐衝撃性，自己潤滑性，および耐薬品性が優れている。こうした特徴から，とくに，人工関節の臼蓋(きゅうがい)には超高分子量PEが主に使用され，これに代る優れた材料はないようである。

3.2.2 ポリプロピレン

ポリプロピレン(PP)は，構造式 $\left(\!-CH_2-\underset{\displaystyle CH_3}{\underset{|}{CH}}-\!\right)_n$ で表され，その分子構造は立体規則性を有している。

PPは，熱可塑性樹脂で，密度は約0.9でPEよりも小さく，軽い樹脂である。PPの機械的物性は，引張り強さがPEよりも優れ，剛性にも優れる。熱的性質は，融点が160～165°Cで，熱可塑性樹脂の中では比較的高い部類に入る。したがって，滅菌処理にも十分耐えることができ，医療用器具などへも応用が可能である。また，耐薬品性に優れているので，酸やアルカリおよび有機溶剤(一部を除く)と反応しない。電気特性は，電気絶縁性に優れ，誘電特性(とくに高周波)や絶縁破壊電圧が高い。また，PPは透明性に優れた樹脂であり，酸素透過率や水蒸気透過率が小さいために，包装用フィルムとして用いられる。PPフィルムは二軸延伸フィルム(OPP)，無延伸フィルム(CPP)，のほか，インフレーションフィルム(IPP)があり，他のフィルムと貼り合せたラミネーションフィルムとして用いられ，包装材料として幅広く利用されている。たとえば，CPP，はコロナ放電処理などを施すことによって，帯電防止グレード，レトルトグレード，蒸着グレード，ラミネートグレードなど，それぞれの用途に適したグレードを開発している。**表3.2**に，代表的なPPフィルムの諸特性をまとめた。

表 **3.2** ポリプロピレンフィルムの特性

物性	二軸延伸PP	無延伸PP
密度(g/cm³)	0.91	0.89
融点(℃)	160～170	160～170
加工温度範囲(℃)	−51～135	～121
破断強度(MPa)	MD：140 TD：240	30～50
破断伸度(%)	MD：120 TD：60	700
ヤング率(GPa)	MD：2 TD：4	0.7
絶縁破壊電圧(kV/mm)	300～400	170
誘電正接(tan δ)	0.02	0.02
吸水率	<0.01	<0.01

また，インフレーション法によってつくられたIPPフィルムは，透明性が良く，“腰が強い”などの特性がある。PPはフィルム以外では，成型品としての用途も広い。シート状に成形したものは，耐熱性・耐寒性・耐油性に優れるので，食料品や冷凍食品などの容器として用いられ，また，ブロー成形したものは透明性・耐熱性に優れることから，家庭用品などに，また，射出成形したものは，成形性に優れ，軽量で安価なことから，食料品などのコンテナやプリンカップに使われている。

3.2.3 ポリスチレン

ポリスチレン (PS) は，エチレンとベンゼンから脱水素反応によりつくられるスチレンを原料として，これを重合してつくられる熱可塑性樹脂である。PSは，屈折率1.60～1.67の無色透明な樹脂で，誘電特性 (とくに高周波領域) に優れ，熱安定性と寸法安定性にも優れる。酸やアルカリなどの薬品には優れた耐性を有するが，油類には耐性が小さい。また，硬くてもろいという性質がある。PSは，日用家庭用品 (雑貨) や文具，玩具などに用いられている。

PSは，前記のように耐衝撃性に劣るので，耐衝撃性を向上させるために他の樹脂を共重合して耐衝撃性を向上させている。

HIPS(High Impact Polystyrene) は，スチレンモノマーを重合するときに，ブタジエンなどの合成ゴムを共重合，もしくは，合成ゴムにスチレンをグラフト重合してつくられる。耐衝撃性は，通常のPSの5～10倍高いが，剛性は劣る。ま

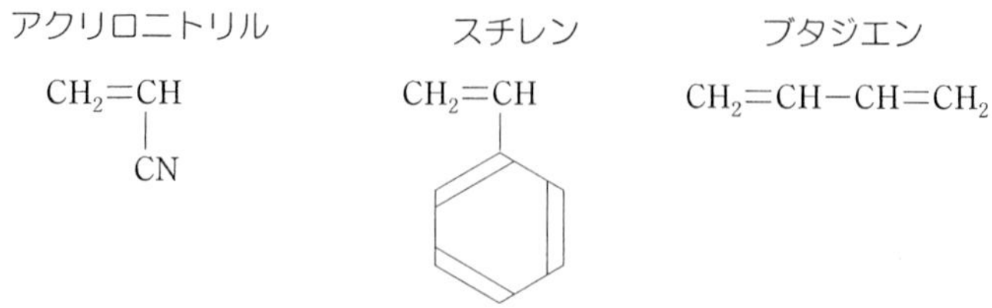

図 **3.9**　ABS の分子構造

た，透明性がないのが一般的である。

AS(Acrylonitrile–styrene) は，スチレン (70～80 %) とアクリロニトリル (30～20 %) からなる共重合体で，PS と同様に透明な樹脂である。引張強度などの機械強度，耐油性，耐候性などが，PS よりも優れている。

ABS(Acrylonitrile–butadiene–styrene) は，アクリロニトリル，ブタジエン，スチレンを共重合した樹脂である。それぞれの構造式を図 **3.9** に示す。ABS は，ブタジエンを強化材としており，衝撃，剛性，耐熱，成形性等に優れる。しかし，ブタジエンは耐候性に難があるので，直射日光を受ける環境では，表面を保護して使用する必要がある。ABS は，自動車，電気機器，雑貨，建材など幅広い分野で使用されている。

3.2.4　ポリメチルメタクリレート

ポリメチルメタクリレート (Polymethyl methacrylate)(PMMA) は，構造式 $(\text{—}CH_2C(CH_3)(COOCH_3)\text{—})_n$ で表される，無色透明な熱可塑性樹脂で，とくに，光学特性に優れ，ガラスに優る光線透過率 (光線透過度 90～92 %) を有している。また，耐候性に優れ，外観・表面光沢，表面硬度の面でも優れている。さらに，加工性や耐水性にも優れる。しかし，耐溶剤性が劣り，また，燃えやすく，燃焼時にモノマーガスを発生する。

PMMA の優れた光線透過率を生かし，光学製品 (レンズなど) や照明器具，自動車の計器類のカバーなどに用いられているほか，コンタクトレンズ，プラスチック光ファイバーなどにも応用されている。

3.2.5　フッ素系樹脂

フッ素原子を 1 個以上含有するモノマーを原料とした高分子材料を，総称してフッ素樹脂という。フッ素樹脂に共通した性質として，耐熱性，耐薬品性，電気絶縁性に優れるほか，滑り性が高く，非粘着性であるという特徴がある。フッ素樹脂は，機械材料，電子機器材料，化学工業材料として，航空宇宙分野などで広く用いられている。

フッ素樹脂には，単位構造中に含まれるフッ素の数によりその特性も異なるものがある。たとえば，フッ素樹脂フィルムとして，4フッ化系には，PTFE，テトラフルオロエチレン–パーフロロアルキルビニルエーテルコポリマー (PFA)，テトラフルオロエチレン–ヘキサフルオロプロピレンコポリマー (FEP)，テトラフルオロエチレン–エチレンコポリマー (ETFE) があり，3フッ化系には，ポリ3フッ化塩化エチレン (PCTFE)，2フッ化系には，ポリフッ化ビニリデン (PVDF)，1フッ化系には，ポリフッ化ビニル (PVF) などがある。これらの構造式を図 **3.10** に示す。このうち，PTFE が，成型加工性を除きもっとも特性が優れており，使用されるフッ素樹脂の大半が PTFE である。PTFE は，熱可塑性高分子材料の中では最高の耐熱性，耐薬品性，高周波特性を有し，低摩擦性，非粘着性を実現している。

フッ素樹脂	化学構造	融点(連続使用温度)
PTFE	$-(CF_2-CF_2)_n-$	327℃(260℃)
PFA	$-(CF_2-CF_2)_n-(CF_2-CF)_m-$ （CF に $-O-(CF_2)_l-CF_3$）	310℃(260℃)
FEP	$-(CF_2-CF_2)_n-(CF_2-CF)_m-$ （CF に $-CF_3$）	270℃(200℃)
ETFE	$-(CF_2-CF_2)_n-(CH_2-CH_2)_m-$	260℃(180℃)
PCTFE	$-(CF_2-CFCl)_n-$	215℃(180℃)
PVDF	$-(CF_2-CH_2)_n-$	170℃(150℃)
PVF	$-(CFH-CH_2)_n-$	200℃(150℃)

図 **3.10**　フッ素樹脂フィルムの化学構造

フッ素樹脂をシート・フィルムとして用いることも多く，これらフィルムに共通する性質 (長所) は，つぎのようである。

- 耐薬品性 (強酸，強アルカリ，有機溶剤) に対する耐久性が高く，耐候性に

も優れる，

- 熱安定性 (耐熱性，耐寒性が優れる) が良い，
- 滑り性が良好 (摩擦係数はきわめて小さい)，
- 吸水率，ガス透過性が小さい，などがある。

一方，短所は，とくに，PTFE は熱融着性や接着性が悪く熱融着できないため，特殊な表面処理，たとえば，PTFE を金属ナトリウム–液体アンモニア溶液で脱フッ素処理して表面を活性化し，エポキシ系の接着剤で接着しやすくする，などの処理を行って接着している。

フッ素樹脂フィルムの成型法は，PTFE が，圧縮成形した後，ビュレットから削り出し，もしくは押し出した後，カレンダリングという特殊な方法で成形されるのに対し，PFA，FEP，ETFE，PVDF，PVF は，押し出し成型，もしくはキャスティングといった一般的な成型法により製造される。

3.2.6 ポリアミド

ナイロンに代表されるポリアミドは，アミド結合 (—C=O—NH—) を繰り返し構造内に有する結晶性の高分子である。現在市販されているポリアミドは，主に，ポリアミド 6，ポリアミド 66，ポリアミド 610，ポリアミド 11，ポリアミド 12，および，これらの共重合ナイロンであり，これらの大部分は，合成繊維として使用されているが，一部は，熱可塑性プラスチックとして利用されている。現在，国内のポリアミドは，ほとんどがナイロン 6 である。ナイロンは，温度およ

表 3.3　ナイロンの特性

物性	ナイロン6	ナイロン66
比重(g/cm^3)	1.13～1.14	1.13～1.14
融点(℃)	225	265
熱変形温度(℃)	180	220
連続耐熱温度(℃)	110	—
引張強度(MPa)	74	76
伸び(%)	130	60
引張弾性率(MPa)	2400	2800
圧縮強度(MPa)	82	89
せん断強度(MPa)	70	89
曲げ強度(MPa)	96	113
アイゾット衝撃強度(J/m)	55	50
硬度(ロックウェル)	80	97

び湿度によって，その機械的物性値が大きく変化する。ナイロンの一般的な性質として，摩擦抵抗が小さくすべりやすいこと，吸湿性が大きく寸法の安定性に乏しいこと，耐熱，耐寒性に優れていること，耐薬品，耐油性に優れていること，半透明体であることなどがあげられる。ナイロンの用途は，摺動部品等の機械部品材料 (歯車，軸受など)，医療器具，ホースやチューブなどがある。ナイロン 6 とナイロン 66 の物性値を表 **3.3** に示した。

MC ナイロンは，主原料のナイロンモノマーを大気圧下で重合して成形しており，従来のナイロン (押出品，射出成形品) にはない優れた性質を有している。MC ナイロンは，機械的強度，耐久性耐，摩耗性・自己潤滑性に優れるので，機械的強度を必要とし，潤滑油を使用できないような機械部品 (摺動部品や軸受) として用いることができる，120°C 以上の高温使用が可能なものもある，有機溶剤やアルカリ性の化学薬品に侵されない，軽量である (比重は金属の 1/6～1/7 程度) という性質を有している。

ナイロンフィルムの特性は，機械強度 (引張強度，引裂強度) が比較的大きく，伸びも大きい。耐薬品性や耐油性，さらにはガスバリアー性に優れることから，包装材料として用いられる。しかし，前述のように，温度および湿度によって物性値が大きく変化することが問題となるケースがある。

3.2.7　ポリエステル

ポリエステルは，エステル結合 (—C=O—O—) をもつ高分子化合物の総称であり，もっとも一般的なのは，エチレングリコールとテレフタル酸との縮重合によって得られる，ポリエチレンテレフタレート (poly(ethylene terephthalate))(PET) が代表的である。PET の分子構造を図 **3.11** に示す。PET は，繊維，フィルムとして優れた特性を有しており，自動車などの機械部品や，電子部品などに使用されるほか，清涼飲料水や調味料などの容器，さらには，包装材料などにも利用されている。

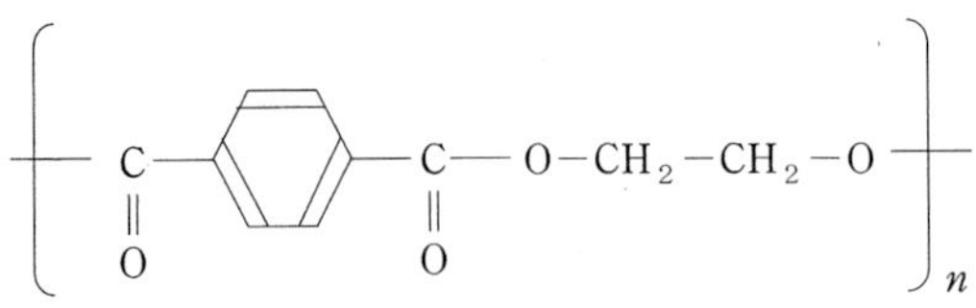

図 **3.11**　PET の分子構造

PET は，優れた摺動性，機械特性，電気特性，耐薬品性を有する反面，衝撃強度，耐熱性，成形性に難がある。

PET フィルムの特性を表 **3.4** に示す。PET フィルムは，引張強度がフィルムの中では大きい方であり，絶縁破壊電圧や体積固有抵抗などの電気絶縁性も大きい方であり，耐熱・吸湿寸法安定性に優れ，強アルカリなどの一部の薬品を除いて耐薬品性に優れ，さらに，透明性や光沢性などの光学特性に優れる。このような優れた特性を有するが故に，PET フィルムは，電子機器部品，工業用，包装用等，幅広い分野で用いられている。また，これら用途に応じた PET フィルムが必要であり，たとえば，帝人デュポンフィルムのテトロンフィルム® には標準品，易滑薄物品，易滑品，易滑透明品，高透明品，超高透明品，低熱収品，耐候品，高耐候品，白色品，練り込みマット品など，用途に応じてさまざまな製品が用意されている。

表 **3.4** PET フィルムの特性

物性	二軸延伸PET
密度(g/cm^3)	1.40
融点(℃)	258
加工温度範囲(℃)	−70～150
引張強さ(MPa)	176
伸び率(%)	120
絶縁破壊電圧(kV/mm)	6.5kV(25μm)
誘電率	3.2
誘電正接(tan δ)	0.002
吸水率	0.3

3.2.8 ポリカーボネート

ポリカーボネート (polycarbonate)(PC) は，難燃性の熱可塑性高分子であり図 **3.12** のようにして合成される。ポリカーボネートの原料であるビスフェノール A

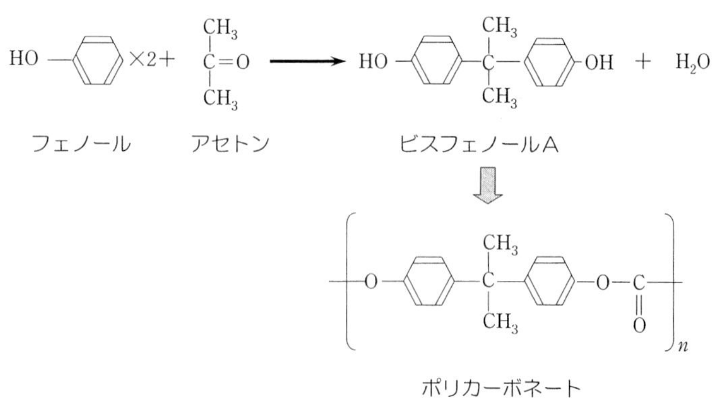

図 **3.12** ポリカーボネートの合成

表 **3.5**　ポリカーボネートの特性

物性	ポリカーボネート
比重(g/cm^3)	1.20
融点(℃)	240
熱変形温度(℃)	130～135
連続耐熱温度(℃)	120
引張強度(MPa)	59～69
伸び(%)	20～60
引張弾性率(MPa)	2.5
圧縮強度(MPa)	74～78
剪断強度(MPa)	63～66
曲げ強度(MPa)	88～96
光線透過率(%)	85
屈折率	1.59

は，フェノールとアセトンの化合物で，アルカリ水溶液の中でビスフェノール A とホスゲン ($COCl_2$) 反応させることで，ポリカーボネートが合成される。これを界面重縮合法といい，このほかの合成法には，エステル交換法がある。エステル交換法は，ビスフェノール A とジフェニルカーボネートからつくられる。PC は，プラスチックの中ではもっとも衝撃強度が高く，耐熱性に優れ (140°C まで耐える)，吸水性が小さく (最大 0.36 %)，電気絶縁性に優れ，透明性に優れるなどの特性を有する。**表 3.5** に PC の物性を示す。このような性質から，PC は，自動車部品などの機械部品，食器や容器などの家庭用品，電気機器などのほか，CD や DVD などの光ディスク，光ファイバーやフィルムなどに用いられている。

3.2.9　ポリサルホン・ポリエーテルサルホン

ポリサルホン (polysulfone)(PSF) は，非晶質のエンジニアリングプラスチックの中でも，スーパーエンジニアリングプラスチックに分類されている。その分子

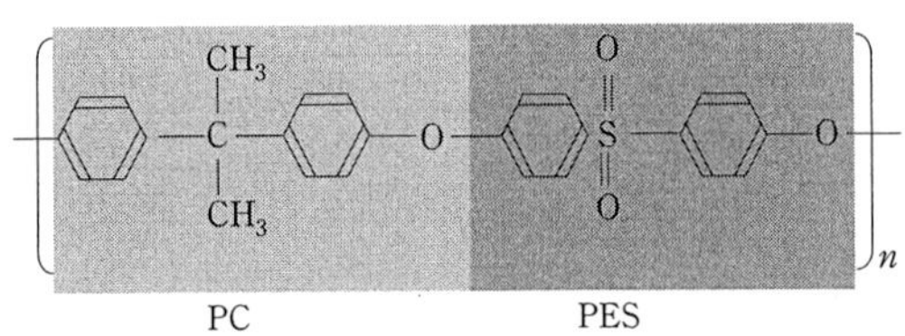

図 **3.13**　PSF の分子構造

構造を図 **3.13** に示した。左側は，前述の PC(図 **3.12**) の構造の一部であり，右側はポリエーテルサルホン (poly(ether sulfone))(PES) の構造である。左側の構造中のイソプロピリデン基およびエーテル結合が，ポリマーの流動性を良好にするとともに，加水分解に対してもきわめて強い抵抗を有している。一方，右側の構造は，このポリマーの優れた耐熱性や耐酸化性を与えている。このイソプロピリデン基，エーテル結合，スルホン基が内部安定剤として働いている。

PSF は琥珀色で透明の樹脂であり，靱性，耐熱性，耐加水分解性に優れ，高温でも酸，アルカリ，熱水に対し安定である。耐クリープ性，低温特性，電気特性，難燃性，寸法安定性にも優れる。吸湿によって物性低下はしないが，気泡やシルバーの原因となるため，成形する前には十分な乾燥が必要である。

PSF はこのような優れた性質から，電気・電子機器，食品用機器・家庭用品，自動車部品，医療機器などに広く用いられている。

PES も非晶質のスーパーエンプラで，PSF 同様，琥珀色の透明の樹脂であり，耐熱性，耐加水分解性，難燃性，耐クリープ性に優れている。とくに，高温下での機械強度に優れている (高温 200°C にて寸法変化や物性低下を起こさない)。寸法安定性も良好で，耐薬品性は良好で耐ストレスクラック性に優れている。PES は，耐熱性に優れているにもかかわらず，通常の成形機で対応でき，成型加工性に優れるといえる。

PES の用途として，耐熱ローラー，ギア，複写機部品，カメラ部品，注射器，食品工業用バルブなどがある。

表 **3.6** に，PSF および PES の物性値を示す。

表 3.6　PSF と PES の特性

物性	PSF	PES
比重(g/cm^3)	1.24	1.37
融点(℃)	なし	なし
ガラス転位温度(℃)	190	230
連続耐熱温度(℃)	150	180
引張破断強さ(kg/cm^2)	720	860
引張破断伸び(%)	50〜100	40〜80
曲げ強さ(kg/cm^2)	1100	1320
曲げ弾性率(kg/cm^2)	27000	26500
線膨張係数(×10^{-5}/℃)	5.5	5.5
誘電率(1000Hz)	3.06	3.50
誘電正接(1000Hz)	0.001	0.002
絶縁破壊電圧(kV/mm)	16.7	16

3.2.10 ポリフェニレンサルファイド

ポリフェニレンサルファイド (poly(phenylene sulfide))(PPS) は，結晶性のスーパーエンプラで，非常に耐熱性が高い (荷重たわみ温度が 260°C 以上) のが特徴である。PPS の分子構造を図 **3.14** に，その物性値を表 **3.7** に示す。

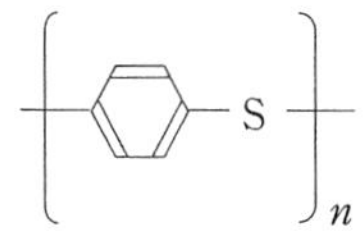

図 **3.14** PPS の分子構造

機械的強度，剛性，難燃性，電気特性，寸法安定性，耐クリープ性に優れる。耐薬品性はとくに優れ，熱濃硝酸のほかはほとんどの酸，アルカリ，有機溶剤に侵されない。耐熱水性にも優れる。また，吸湿率も非常に低く，吸湿寸法安定性に非常に優れている。スーパーエンプラの中では，とくに，コストパフォーマンスに優れているので，使用量が増加している。靱性が低い，バリが発生しやすい，分子構造にイオウを含むため金型の腐食・摩耗が大きいという課題があるが，最近では，改良グレードが開発されている。

表 **3.7** PPS の特性

物性	PPS
比重（g/cm^3）	1.21
融点(℃)	285
ガラス転位温度(℃)	90
連続耐熱温度(℃)	150
引張降伏応力(MPa)	90
引張破断ひずみ(%)	15
曲げ強さ(MPa)	140
曲げ弾性率(MPa)	3800
線膨張係数(×10^{-5}/℃)	4
誘電率(1000Hz)	3.6
誘電正接(1000Hz)	0.0004
絶縁破壊電圧(kV/mm)	19

3.2.11 ポリイミド

ポリイミド (Polyimide)(PI) は，二官能カルボン酸無水物と，第 1 級ジアミンとから合成される縮合重合体であり，その内部には，—(C=O)—NR—(C=O)—が，ポリマー骨格の主鎖を構成する複素環単位と直鎖状単位として存在する。とくに，芳香族複素環 PI は，優れた機械的特性や耐熱性，耐酸化性を示すため，電子機器，航空機などさまざまな分野で広く用いられている。PI は，ジアミンに脂肪族を用いるか芳香族を用いるかによって，製造法や用途などが異なる。

脂肪族ジアミンと芳香族テトラカルボン酸とを原料として溶融状態とし，多段階反応を行って合成される。DMAc(N, N–ジメチルアセトアミド) や NMP(N–メチル–2–ピロリドン) に脂肪族ジアミンと芳香族テトラカルボン酸無水物を混ぜて，PI の前駆体であるポリアミド酸溶液が得られる。この溶液は，フィルムの製造やコーティングに使用される。

脂肪族ジアミンの場合と同様に，重合される。しかし，芳香族ジアミンは脂肪族ジアミンよりも反応性が低く，反応時間を長くすることが必要である。反応速度は，主に，溶剤に依存する。

代表的な PI の諸特性を**表 3.8** に示す。PI は，その優れた特性から電子機器などにフィルムとして用いられている。

表 3.8　ポリイミドの特性

物性	PI(PMDA–ODA)	PI(BPDA–PDA)
比重(g/cm³)	1.42	1.47
融点(℃)	なし	なし
ガラス転位温度(℃)	＞350	＞350
引張強さ(kg/mm²)	17.6	40
引張破断伸び(%)	70	30
引張弾性率(kg/cm²)	302	900
線膨張係数(×10⁻⁵/℃)	2	0.8
誘電率(1000Hz)	3.5	3.5
誘電正接(1000Hz)	0.003	0.0013
絶縁破壊電圧(kV/mm)	276	280

PI フィルムの性質は，下記のようである。

- 市販されている有機フィルムの中で最高の耐熱性を有し，短期的には 400°C 以上の温度でも使用可能，十分な機械特性と電気特性を有しており，重負荷用電気絶縁材料や FPC(フレキシブルプリント回路基板) などの用途が確立されている。
- 極低温特性，耐放射線性にもっとも優れているので，宇宙機器や原子力機器には不可欠な材料である。
- 吸湿による寸法安定性や耐アルカリ分解性には問題がある。

- ジフェニルテトラカルボン酸系は，ピロメリット酸系に比べて常温の機械特性や吸湿性は良いが，T_g が低いため，耐熱性に劣る。
- アミン成分をパラフェニレンジアミンにすると耐熱性は向上し，吸湿寸法安定性，耐アルカリ性，引張強さなどが一段と向上するが，破断伸びが低下してもろくなる傾向がある。

図 **3.15** に，市販されている代表的な PI フィルムの分子構造を示した。図 **3.14** に示す PI の構造で，BPDA は PMDA に比べ，常温の機械特性や吸湿性は良いが，T_g が低いため，耐熱性に劣るという性質があり，また，PDA は ODA に比べると，耐熱性は向上し，吸湿寸法安定性，耐アルカリ性，引張強さなどが一段と向上するが，破断伸びが低下してもろくなるという性質がある。

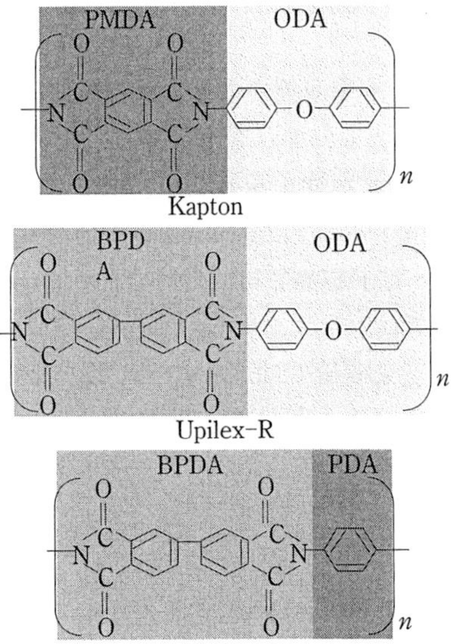

図 **3.15** 種々のポリイミドの分子構造

3.2.12 ポリエーテルエーテルケトン

ポリエーテルエーテルケトン (Polyether ether ketone)(PEEK) は，1977 年に ICI 社が開発した結晶性の熱可塑性樹脂で，連続使用温度 240°C である。PEEK の化学構造を図 **3.16** に示す。非晶質である PES とともに高い耐熱性を有している。PEEK は難燃性であり，アルカリにも侵されず，耐放射線性に優れ，優れた

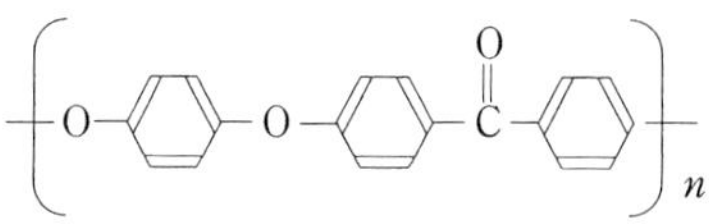

図 **3.16**　PEEK の分子構造

表 **3.9**　PEEK の特性

物性	PEEK
比重(g/cm^3)	1.32
連続耐熱温度(℃)	250
引張破断強さ(kg/cm^2)	1000
引張破断伸び(%)	20
曲げ強さ(kg/cm^2)	1730
曲げ弾性率(kg/cm^2)	41000
線膨張係数(×10^{-5}/℃)	5.0
誘電率(1MHz)	3.3
誘電正接(1MHz)	0.003
絶縁破壊電圧(kV/mm)	19

環境性を示す。PI とともに摩擦摩耗性にも優れ，摺動材料としても使用可能である。機械的性質は，剛性とともに伸び率も大きく，耐衝撃性に優れ，きわめて強靭な材料である。PEEK の諸特性を**表 3.9** に示す。

PEEK 用途は，電気・電子部品，自動車部品，産業機械などの分野で利用されており，具体的には，電機・電子部品では，シリコンウェハーキャリアや IC チップトレイなど，自動車部品では，マイクロモータースラスト軸受，樹脂ワッシャー，オイルフィルターなど，産業機械では，スチーム用バルブ・ポンプ・配管等の部品などである。このほかにも，食品製造用機用部品や医療器具部品などにも応用されている。

3.2.13　液晶ポリマー

高分子，低分子の液晶は，ある温度範囲でサーモトロピック性 (熱溶融性)，あるいは溶液状態でリオトロピック性 (溶液性) を示す。現在実用化されている液晶ポリマー (LCP) は，リオトロピック液晶ポリマーでは，たとえば，ケブラーに代表される全芳香族ポリアミドがあり，サーモトロピック LCP では，たとえば，ザイダーやベクトラに代表される全芳香族ポリエステルがある。LCP の特徴は，その剛直な分子構造の配向に起因し，一般に，耐熱性，優れた強度特性，低熱膨張性および配向性であり，これらの性質を利用して，高強度，高弾性率の繊維としての応用や，成形品として電気・電子部品などに使用されている。

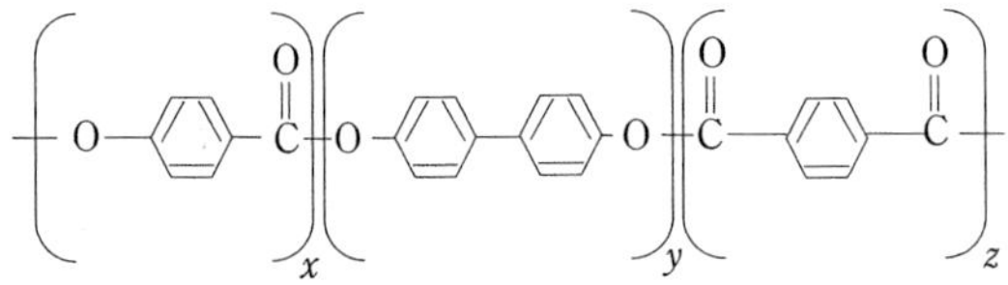

図 **3.17** ザイダー (Xydar)® の分子構造

ザイダー (Xydar)® は，全芳香族ポリエステル系の LCP で，高い機械強度とともに，高い耐熱性 (熱変形温度が 340°C 以上のものもある)，電気特性，耐薬品性 (ほとんどの溶剤に溶ない) や寸法安定性に優れた高性能熱可塑性樹脂である。その分子構造を図 **3.17** に示す。ザイダーの用途は，金属やセラミックスの代替材料として，電気電子部品，コネクター，ソケット，リレーケースなどがある。

ベクトラ (Vectra)® は，全芳香族系熱可塑性ポリエステルの LCP で，剛直な高分子であり，溶融状態でも分子鎖は折れ曲がらず，棒状を保つので分子の絡みが少なく，わずかなせん断応力でも配向性を示す。

第4章　複合材料

複合材料とは，2 種類以上の材料を組み合せて複合化することにより，単一材料よりも，機械的強度や物理化学的特性などを向上させる目的でつくられた材料を意味する。

複合材料は，強化材 (reinforcing element) と母材 (composite matrix) から構成される。複合材料の 1 例を図 **4.1** に示す。強化材は複合材料を強化する素材を指す。

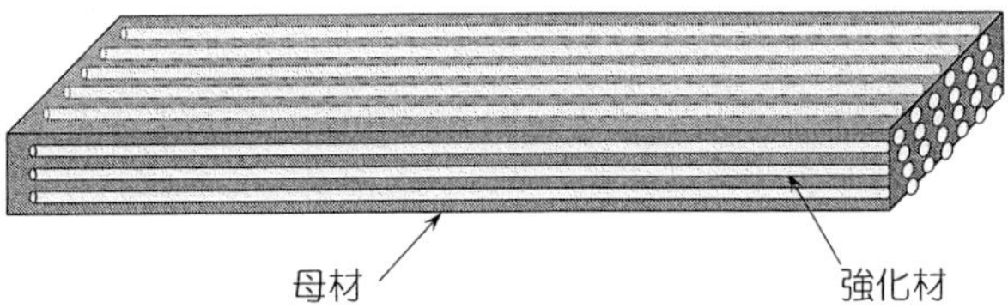

図 **4.1**　複合材料の例

複合材料には大別して金属をベースとした金属基複合材料，セラミックスをベースとしたセラミックス基複合材料，高分子をベースとした高分子基複合材料がある。

4.1　金属基複合材料

金属材料の特性の限界をこえた材料を開発するために考えられた材料で，とくに，比強度，比剛性，耐熱性などが期待されている。従来の金属材料では，困難な高い強度などの特性を実現するために，セラミックス系の繊維や粒子を均一に分散，混合することにより特性を高めたもので，人工的な材料である。たとえば，アルミニウム合金などの軽い合金に炭化ケイ素 (SiC) 繊維や黒鉛繊維，あるいはこれらの粒子を分散することで，軽くて強度の高い材料や，熱伝導率が良く，かつ熱膨張係数の小さい材料などの開発研究が行われている。

4.1.1　分散材 (強化材)

（1）微粒子分散

金属母材中に金属酸化物や金属窒化物などのセラミックス系粒子を分散し，強化材として用いる。微粒子の粒子径は数十 nm～数十 μm 程度のものを使用している。微粒子の形成は気相反応による合成 (気相法) により行われ，純度の高い微粒子をつくることができる。

（2）ウイスカ

ウイスカは，「ひげ結晶」ともいわれ，欠陥の数が非常に少ない針状単結晶で，強度は通常のバルク材料の 10～100 倍程度ある。ウイスカは，金属のみならず，セラミックや高分子材料中に分散して複合化することによって，マトリックスを強化する。たとえば，SiC や窒化ケイ素 (Si_3N_4) などのウイスカが，金属やセラミックス複合材料の強化材として利用されている。ウイスカも前述の微粒子と同様に，気相法を用いてつくることができる。

（3）繊維

炭素繊維は，有機繊維を焼成して得られる炭素質が 90 %以上の繊維でレーヨン系，PAN(ポリアクリロニトリル) 系，ピッチ系がある。前述のウイスカが短い針状であるのと比べると，これらは長繊維である。PAN は，図 **4.2** に示すように，アクリロニトリルを重合して得られるポリマーで，毛布やカーペットなどの合成繊維などに用いられている。PAN は，側鎖に極性の高いシアノ基 (CN) をもつので，分子間力が強く，難溶性で強度が高い。ピッチ系炭素繊維は，タール，ピッチ，液化石炭からつくられる。その特性は，**4.3** で述べることにする。

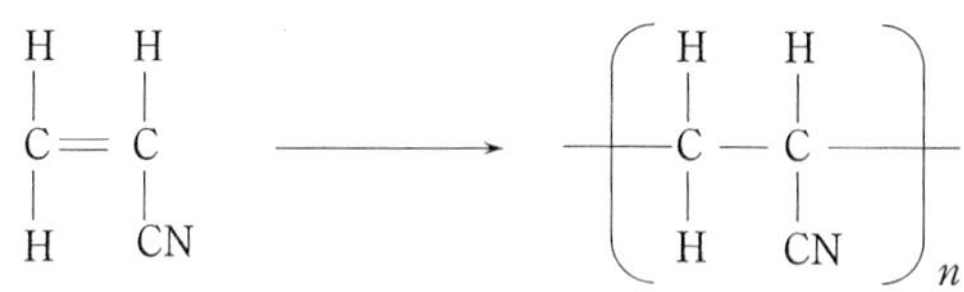

図 **4.2**　ポリアクリロニトリルの合成

SiC 繊維を分散材に用いることもある。たとえば，SiC 繊維であるニカロン繊維は，ジメチルクロロシランを原料としてつくられていて，耐熱性に優れ，高い引張強度と弾性率を有しており，金属とのぬれ性もよいとされている。SiC 系の繊維では，チラノ繊維 (主に，Si，Ti，C，O からなる) が開発され，耐熱性，ぬれ性などに優れた金属やセラミックスの補強用繊維である。

アルミナ繊維は，Al_2O_3 を主成分として SiO_2 を含有する結晶質の繊維で，安定な結晶構造の α–アルミナ繊維と，スピネル構造の γ–アルミナ繊維がある。

ボロン繊維は，ぬれ性改善，反応防止のために表面被覆された繊維で，タングステン線や炭素繊維を芯材として炭化ホウ素 (B_4C) を被覆したもの，窒化ホウ素 (BN) を被覆したものなどがある。

4.1.2　マトリックス (母材)

金属基複合材料は，軽量化や比強度向上を目指した研究開発が行われてきた。マトリックス材料には密度が低く，強度がある材料が用いられる。アルミニウム (Al) 合金，チタン (Ti) 合金，金属間化合物等の材料が開発され用いられている。たとえば，アルミニウム合金では，6061(1％Mg，0.6％Si，0.3％Cu)，5052 系 (2.5％Mg)，AC4C(7％Si，0.4％Mg)，2618(1.39％Mg，0.26％Si，1.19％Fe，2.2％Cu，0.8％Zn，0.069％Ti，1.55％Ni) などである。また，チタン系合金では，Ti–6Al–4V などがある。図 **4.3** は，金属基複合材料の比強度を金属材料の比強度と比較した例である。比強度は，材料の比重に対する材料の強度を意味する。金属基複合材料の比強度は，金属よりも高いことがわかる。

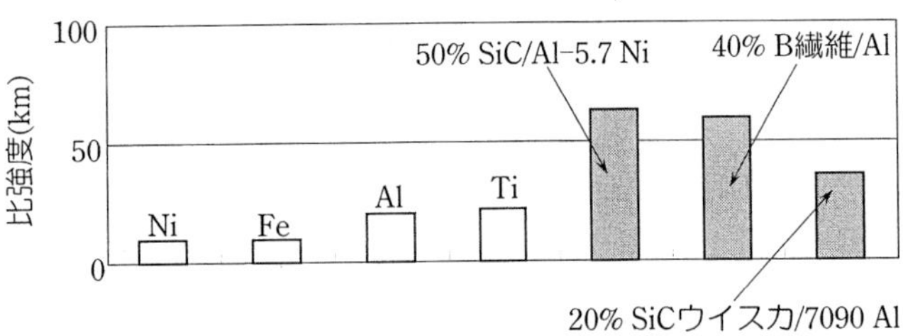

図 **4.3**　金属基複合材料の比強度

4.1.3　製　造　法

複合材料を製造するとき，強化材の隙間に，母材がボイドを発生することなく均一に入り込み，母材と強化材が，剥離することなく結合していることが大切である。実際の金属基複合材料の製造法は溶浸法と固相拡散法がある。

溶浸法は鋳型内に繊維束を設置して溶湯を流し込む方法であり，真空中で行う場合や，不活性ガス中で行う場合もある。鋳型内に溶湯を流し込んだ後に加圧する場合や，鍛造する場合もあり，目的に応じて種々の技術が用いられている。

固相拡散法は，マトリックスとなる金属や合金と強化材 (繊維) をホットプレスして作製する方法である。**図 4.4** に，ホットプレス法による製造プロセスの一例を示す。マトリックスである金属箔上に，強化材繊維を軽く接着した状態にして予備成形体をつくる。これをいくつか集めて層状に重ねて積層体をつくり，容器に入れ内部を減圧する。これを拡散接合温度まで加熱し加圧しながら，一定時間放置すると成形品が出来上がる。

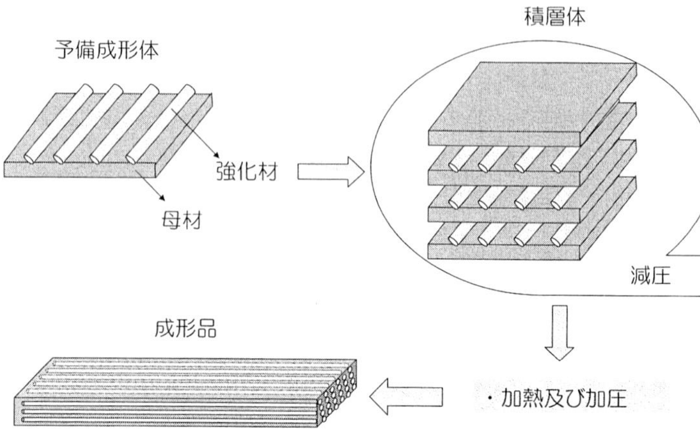

図 4.4　ホットプレス法による製造プロセス

4.2　セラミックス基複合材料

セラミックスは，一般的に，優れた耐熱性，耐食性，機械特性などを有していることから，構造材料として用いられているが，セラミックス材料の種類や形状によって，これら特性もさまざまである。耐熱性などの高温特性に優れたセラミックスに，強化相としてセラミックス粒子，ウイスカ，短繊維，連続長繊維などを分散させたセラミックス基複合材料がつくられ，利用されている。

ファインセラミックス (あるいはエンジニアリングセラミックス) は，1000°C 以上の高温にも耐えるが，脆性材料であり，とくに，破断歪が小さいという欠点がある。繊維強化することで，破断歪を飛躍的に向上することが可能になっている。構造材料として用いられるファインセラミックスにおいては，いかにして靭性を向上させるかが重要である。セラミックス中には数多くの欠陥が含まれており，破壊はこれら欠陥の内，最大の欠陥が破壊源となる。そのときの破壊強度 σ_f は，式 (2.1) より

$$\sigma_f = \frac{K_{IC}}{Y \cdot \sqrt{C}} \tag{4.1}$$

となる。ここで，K_{IC} は破壊に対する抵抗性を示す臨界応力拡大係数，Y は亀裂形状因子，C は亀裂の長さである。

つまり，高強度で高い信頼性を有するセラミックスを開発するためには，破壊強度 σ_f を大きくすればよく，すなわち，K_{IC} を大きくし，C を小さくすることができればよいことになる。亀裂の長さ C は製造プロセスに強く依存する。また，K_{IC} の大きな材料は，大きな欠陥をもっていても高強度を維持できることを意味している。K_{IC} は，セラミックス中の原子間結合強度や転位などの塑性変形能，組織形状などに依存する。つまり，緻密で異方性形状 (板状粒子や針状形状など方向性のある) 組織のセラミックスは，高い靭性を有している。これは，セラミックス中に微粒子や繊維を分散することで，破壊靱性値を高めることができることを意味している。

たとえば，炭化ケイ素マトリックス中に，炭化ケイ素の長繊維を分散した複合材料 (SiC/SiC) では，破壊靭性の向上が認められ，1100～1200°C の耐熱性を有した材料であることから，タービン部品への適用が検討され，評価されている。

4.3　高分子基複合材料

プラスチックを，マトリックスとして繊維を強化材に用いた代表的な複合材料を，繊維強化プラスチック (FRP) という。FRP の物性は，母材である高分子材料の種類と，強化材である繊維の形態や充填量などによって変る。FRP は，浴槽や浄化槽などの住宅建材，船舶などの分野で多く利用されている。

4.3.1　強　化　材

強化材は，強化繊維に安価なガラス繊維を用いたガラス繊維強化プラスチック (GFRP) と，炭素繊維，アラミド繊維，ボロン繊維など，高強度高弾性率繊維を強化材とした先進複合材料に大別される。

ガラス繊維の主原料は二酸化ケイ素 (SiO_2) であるが，SiO_2 に他の成分を含むことによって，強化材の特性も変る。酸化アルミニウムや酸化ホウ素などを含むアルミノホウケイ酸ガラスは E ガラスといわれ，GFRP の強化材としてよく用いられる。また，S ガラスは，E ガラスより引張り強度や弾性率が高く，高強度構造材用に開発されたガラスで，ロケットのエンジンケース等に用いられている。さらに，通常のガラスや E ガラスは，アルカリに侵されやすいので，耐薬品性を向上させた C ガラスも強化材繊維として使用されている。

炭素繊維には PAN を炭化してつくる場合と，石油や石炭などのピッチを原料として紡糸してつくる場合がある。ピッチ系は，弾性率が高いが，圧縮強度が低いのが弱点で，用途が限定される。炭素繊維は単位質量当りの強度，弾性率 (比強度，比弾性率) が優れた特性を有し，軽量化効果が発揮しやすいため，宇宙・航空機分野や自動車分野で用いられている。また，釣竿，ゴルフシャフト，テニスラケットなどのスポーツ・レジャー用品にも優れた力学的特性が認められて，急速に普及している。

ボロン繊維はタングステン線を芯材として，化学気相蒸着 (CVD) 法により製造される。機械的特性，とくに，圧縮強度が引張り強度の 2 倍ある。繊維強化プラスチック (FRP) や繊維強化金属 (FRM) などの複合材料として，宇宙・航空機分野，スポーツ・レジャー用品に利用されている。

4.3.2 マトリックス

マトリックス樹脂は，熱硬化性樹脂を用いる場合と熱可塑性樹脂を用いる場合がある。熱可塑性樹脂をマトリックスとする繊維強化プラスチックは，FRTP(Fiber reinforced thermoplastics) として FRP と区別されることも多い。

マトリックスとしてもっとも広範囲に使用されている熱硬化性樹脂は，エポキシ樹脂である。エポキシ樹脂は，硬化反応による収縮が約 3％と比較的小さいうえ，強化材繊維との接着性がよく，機械的性質，寸法安定性，耐薬品性，電気的特性に優れるなどバランスのとれた特性があり，もっともよく用いられている。しかし，耐衝撃性と耐熱性の要求される分野，たとえば，航空機の構造材料，あるいは自動車のエンジンなどでは，より耐熱性の高いビスマレイミドやポリイミド (図 **3.15**) などを用いることが検討されているものの，耐熱性が向上すると成形が難しくなるという欠点もある。

熱可塑性樹脂をマトリックスとして用いる場合は，強化繊維を含むペレットを用いて成形するか，一方向に配列した強化繊維のシートや，布に熱可塑性樹脂を含浸させたものを用いて成形する。前者の場合，熱可塑性樹脂は溶融射出成形が可能で，金型に射出成形した後，冷却して製品をつくる。後者は，繊維強化シートを積層して，ホットプレスにより溶融接合させて積層材をつくる。PEEK(図 **3.16**) や PES(図 **4.5**)，PPS(図 **3.14**) などの耐熱性を有する熱可塑性樹脂を，マトリックスに用いた FRP も開発されている。

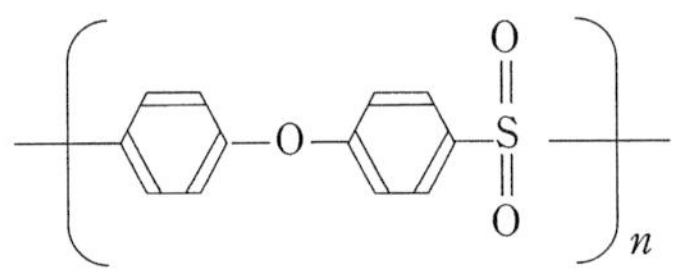

図 **4.5** PES の構造

4.3.3 製 造 法

FRP の成形法は，成形プロセスによってさまざまな成形法が開発されている。成形材料の形体，成形硬化する温度，成形圧力，成形工程あるいは成形操作の違いによって分類されている。ここでは代表的な成形方法についていくつか述べる。

(1) ハンドレイアップ法

ガラス繊維に樹脂を含浸したシートを交互に積み上げていく方法で，FRP 成形法において基本的な方法である。FRP 成形の基本成形法で，雌雄どちらか一方の型の上に繊維基材 (強化材) をセットし，ローラーや刷毛などを用いて，手作業により，強化材に樹脂等のマトリックスを含浸させながら積み重ね成形する方法である (図 **4.6**)。樹脂は大気圧中で常温にて放置し，硬化させる。大型製品，少量生産の製品，複雑形状の製品などの成形に適している。

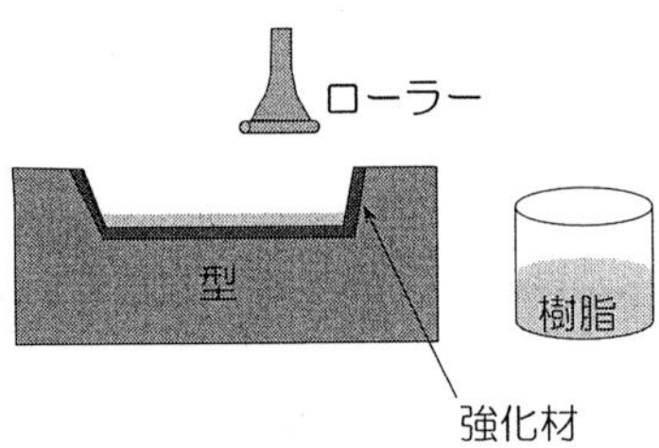

図 **4.6** ハンドレイアップ法

(2) フィラメントワインディング法

マンドレルに樹脂を含浸した繊維を巻きつけて，これを加熱炉に入れて加熱硬化させて成形する方法で，繊維の巻き角は，マンドレルの回転速度と繊維の軸方向への移動速度を調整することで，自由に変えることができる。図 **4.7** に示すように，強化材を樹脂に含浸させながら，回転している型 (マンドレル) に所定の角度で所定量巻き付けて成形した後，樹脂を硬化させるか，あるいは，あらかじめ樹脂を含浸させたプリプレグを巻きつけることもある。外力に応じて強化材の配置の方向や量をコントロールすることが容易であり，FRP の中で，もっとも機械特性の優れた成形品をつくることが可能な成形方法である。棒状のものは，ゴルフシャフトやテニスラケットに，管状のものは，薬液輸送管，下水道管，薬品タンクなどに用いられている。

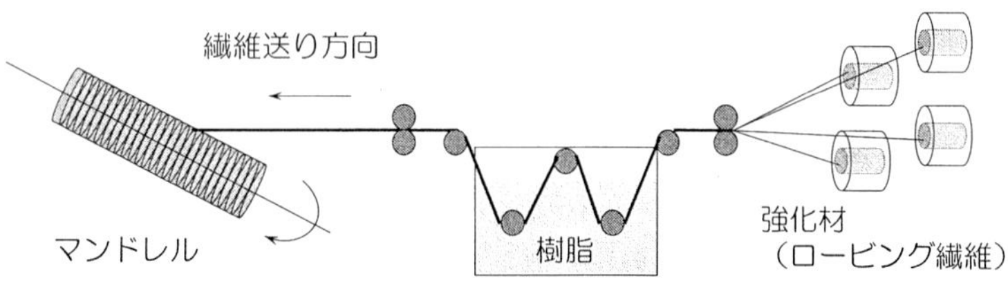

図 **4.7**　フィラメントワインディング法

(3) スプレイアップ法

金型にスプレーアップ機で樹脂と強化材を吹きつけながら積層し (図 **4.8**)，脱泡して成形する方法である。

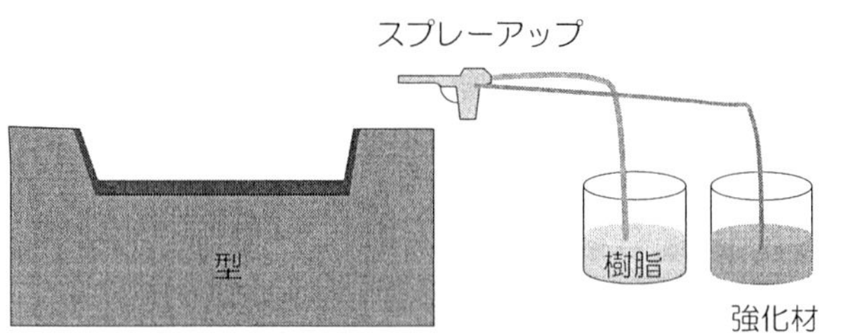

図 **4.8**　スプレーアップ法

(4) シートモールディング法

図 **4.9** に示すように，繊維に硬化剤と充填材を混練したシート (SMC) を作製しておき，これを金型にセットして加熱・加圧プレスにより成形する方法である。

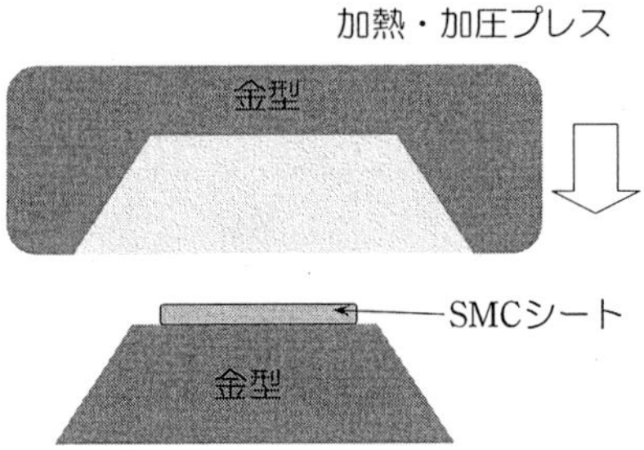

図 **4.9**　シートモールディング法

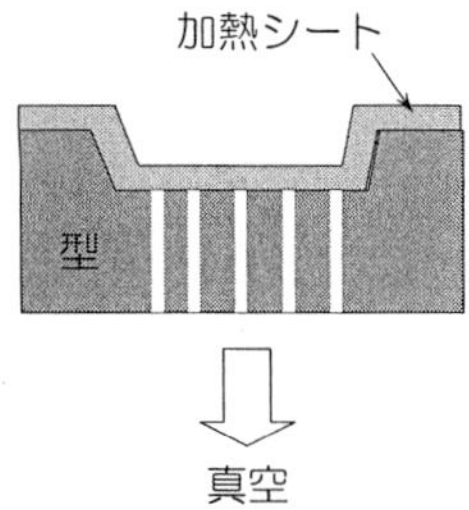

図 **4.10**　真空成形法

大型の水槽などの成形に用いられる。

(5) 真空成形法

熱可塑性樹脂のシートを金型にセットして加熱し，金型側から真空引きを行うことで，金型にシートを吸引し，成形後冷却する方法で (図 **4.10**)，大量生産に適した成形法である。

(6) その他

オートクレーブ法やインフュージョン法，レジントランスファー法，などがある。

4.4　先進複合材料 (ACM)

先進複合材料は，マトリックスと強化繊維から構成され，強度や弾性率が著しく高い複合材料を先進複合材料 (Advanced Composite Material) という。具体的には，比強度 (引張強さ/密度) が 0.4×10^5 [m]，比弾性率 (弾性率/密度) が 40×10^5 [m] 以上のものをさす。強化材料に樹脂を含浸して作製した複合材料 (それぞれ重量混入比率は 60 %) の比強度と引張比弾性率の関係を図 **4.11** に示した。図 **4.11** には，金属材料の代表として炭素鋼を，また，繊維強化複合材料に使用する強化材も同時にプロットした。炭素鋼，GFRP は，引張比弾性率が ACM よりも小さい。高強度炭素繊維 (HT) 強化プラスチック，高弾性率炭素繊維 (HM) 強化プラスチック，アラミド繊維 (Ar) 強化プラスチックは ACM である。このほか，構造用複合材料としては引張と同様，圧縮の特性も重要となる。

炭素繊維強化複合プラスチック (CFRP) は，比強度が高い高強度タイプ (HT)，比弾性率が高い高弾性率タイプ (MT) があり，軽量構造材として用いられている。

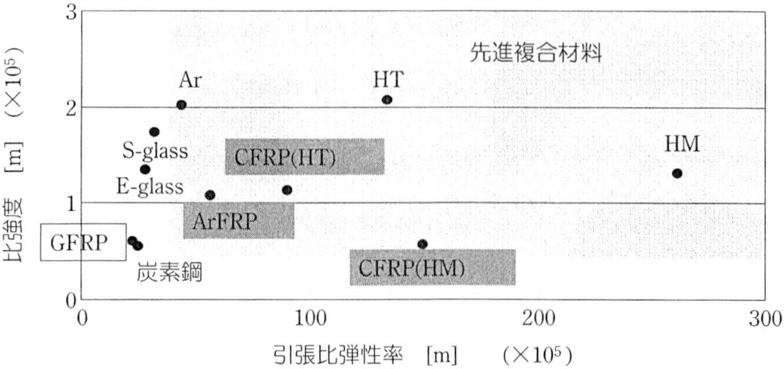

図 **4.11**　比強度と比弾性率の関係

比強度，比弾性率が高い以外の力学的特徴は，疲労特性に優れる，クリープ特性に優れる，金属に比べて振動減衰特性が良いことがあげられる。さらに，耐摩耗性が良く，摩擦係数が小さいという潤滑特性にも優れる。ただし，繊維配列方向と摺動方向によりその特性は異なる。このほか，熱的特性として，熱的寸法安定性が良いことと，耐熱性，極低温特性に優れるという特性もある。また，化学的安定性にも優れ，強酸，強アルカリ，溶剤に強く，耐海水性にも優れる。CFRPの用途は航空・宇宙分野，スポーツ・レジャー分野，一般産業に分けられるが，国内では，主に，スポーツ・レジャー用途が多い。CFRP でエポキシ樹脂をマトリックスにする場合，層間剥離しやすいことと，耐衝撃性が低いことが欠点である。これに対して，熱可塑性樹脂をマトリックスとすれば層間剥離と耐衝撃性の問題を解決できる。

アラミド繊維強化プラスチック (ArFRP) も CFRP 同様，比強度が高く，耐衝撃性に優れていることが特徴である。強化材であるアラミド繊維の代表として，ケブラー®がある。ケブラーは®，1972 年に，アメリカのデュポン社で発明された芳香族ポリアミド繊維につけられた登録商標であり，軽量で高強度，高弾性率，耐熱性，耐薬品性，良好な電気特性などの特性をもつ。図 **4.12** に，ケブラーの構

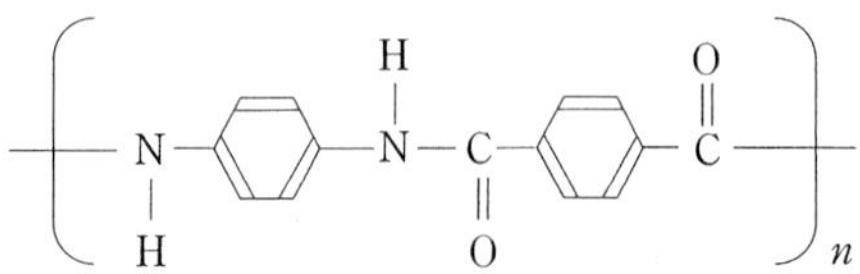

図 **4.12**　ケブラー®の構造

造を示す。ケブラーの中でも，とくに，ケブラー 49 で強化した FRP は，残留引張強さが格段に向上している。

ボロン繊維強化プラスチックも，比強度，比弾性率が高いことから，欧米では航空機分野で応用されている。国内ではゴルフクラブのシャフト，テニスラケット，釣竿，スキーのストックなどに用いられている。

このほかに炭化ケイ素 (SiC) 繊維で強化したプラスチックも，比強度，比弾性率が高い ACM として注目されている。

第5章　接着・接合技術

5.1　接着・接合

製品の高機能化，小型化，軽量化，精密化が進む現在，固体材料を接着・接合する技術は，必要不可欠である。接着・接合を語る上で，とくに接着剤は重要な位置を占め，現在の機械や構造物などでは接着剤は必要不可欠なものとなっている。

たとえば，セラミックスを例に，接着・接合技術の重要性を述べる。セラミックスは，塑性変形しにくい材料であり，このことが，高温領域での機械強度や耐摩耗性，剛性などの長所をもたらしている。その一方で，セラミックスを製造する場合，加工が難しいという問題がある。近年，セラミックスは，切削や研摩等の2次加工が行われるようになり，製品の高機能化，高性能化に伴い，機械加工技術の要求は高まり，しだいに進歩している。また，セラミックスの一部を除去するだけでなく，同種または異種の材料を接着・接合させる技術も必要になってきている。すべての部材が同種のセラミックスであるとは限らず，必要に応じて，部分的に他のセラミックスや金属，さらには，プラスチックなども使用することもある。たとえば，金属材料をベースに，耐熱性や耐食性，耐摩耗性等が必要な部分にセラミックスを金属の代りに用いることで，セラミックスの脆性を補う有効な手段となる可能性もある。この接着・接合部は，金属と同程度の強度を有することが必要である。

接着・接合技術については，接着剤による接着，メタライズ，固相液相接着，固相加圧接着，溶接接着，機械的接合などに分類される。以下，これらについて個別に述べることとする。

5.2 接着剤による接着と分類

接着剤は，本来，固体と固体を接合するための一手段であり，固体と接着剤の界面において接着強さが要求される。

接着剤を用いた接合技術の利点は，広く異種材料の接着接合が可能なこと，接合部の応力分散ができること，気密性に優れること，接合重量が軽減できることなどがあり，欠点は，接着強度にばらつきが生じること，接着剤を硬化させるのに時間を要する場合があること，耐熱性に限界があること，十分な接着強度を発現させるのに表面処理が必要なことがあること，などである。

接着剤には，さまざまなものがあり，その分類法にも，形態による分類，主成分による分類，接着機構による分類，などがある。一般的には，主成分による分類がもっともよく用いられている。たとえば，接着剤の硬化機構によって分類すると以下のとおりである。

5.2.1 液状モノマーまたはオリゴマータイプ

熱，光または硬化剤による化学反応によって固化するものである。

(1) 主として熱によって硬化するもの：フェノール系，尿素系，メラミン系

(2) 主として硬化剤によって硬化するもの：エポキシ系，シリコン系，アクリル系

(3) 主として光または電子線によって硬化するもの：変性アクリル系

(4) 瞬間接着剤：シアノアクリル系

(5) 嫌気性接着剤：ジメタクリル系

5.2.2 溶液またはエマルジョンタイプ

(1) 溶媒の蒸発によって固化するもの

- 溶液タイプ (ゴム系，ポリ酢酸ビニル系，アクリル酸エステル系)
- エマルジョンタイプ (ポリ酢酸ビニル系，アクリル酸エステル系)

5.2.3 熱溶融接着剤

(1) 冷却によって固化するもの

- エチレン・酢ビ共重合体系，ポリアミド系

主成分による分類では，大きく分けて，有機系接着剤と無機系接着剤に分けられる。通常は，有機系接着剤がほとんどで，その種類も多いため適用範囲が広く，無機系接着剤に比べて接着速度が速く，低温で接着が可能であり，被着体の形状を問わず，その変質も起こさない。導電・絶縁性や電熱，断熱などを付与することも可能であり，使用例も増えている。しかし，接着強度を左右する因子が多く，測定値にばらつきがある，種類が多すぎて選択が複雑である，耐熱性が低いなどの欠点もある。

5.3　有機接着剤の成分による分類

有機接着剤は，主成分により分類すると天然高分子系と合成高分子系に大別される。合成高分子系は更に熱可塑性樹脂，熱硬化性樹脂，ゴム系，混合系に分類される。

天然高分子系接着剤にはデンプン，ガゼイン，天然ゴムなどに分類される。

5.3.1　天然高分子系接着剤

(1) デンプン

いわゆる“デンプンのり”として，古くから紙などの接着に用いられてきた。デンプンは，植物体に存在するグルコースの重合体であり，馬鈴薯やとうもろこしなどを原料に，デンプンと水を加熱下で混合してデンプンのりをつくる。

(2) ガゼイン

ガゼインはリンタンパク質の一種であり，牛乳中に含まれる主要タンパク質である。ガゼイン系接着剤も，デンプン系接着剤同様，紙などの接着剤として用いられるほか，木工・家具などの接着剤としても用いられている。デンプン系接着剤に比べて，耐水性やアルカリ洗浄性，高速接着性に優れている。

5.3.2　熱可塑性接着剤

(1) ポリ酢酸ビニル系接着剤

ポリ酢酸ビニルは，図 **5.1** に示すように，酢酸ビニルをラジカル重合することで得られる無色透明の熱可塑性樹脂で，木工ボンド用のエマルジョン系接着剤や酢ビペーストといわれる溶液型接着剤がある。建築や木工分野などで使用されている。

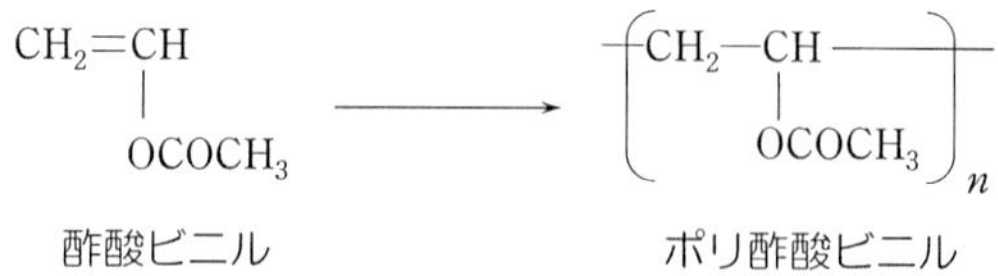

図 **5.1**　ポリ酢酸ビニルの構造

（**2**）アクリル酸エステル系接着剤

ポリ酢酸ビニル系接着剤同様，乳化重合したエマルジョン系接着剤や溶液型接着剤がある。ポリアクリル酸樹脂の特徴は耐候性に優れており，加水分解されにくい性質がある。建築や包装分野などに用いられているほか，粘着テープやラベル用の感圧接着剤としても用いられている。

（**3**）シアノアクリレート系接着剤

シアノアクリル酸エステルモノマーを主成分とし，短時間で硬化する，いわゆる“瞬間接着剤”である。シアノアクリレートの硬化反応を図 **5.2** に示す。図 **5.2** で，R がエチル基の場合，エチルシアノアクリレートとなり，市販の瞬間接着剤において，もっともよく使用されている。分子内に強電子吸引基であるシアノ基，カルボキシル基を有しているため，塗布すると，被着体表面の微量な水分や微アルカリが触媒作用して，瞬時に重合反応し，数十秒で無色透明なフィルム状に固化する。シアノアクリレート系接着剤は，金属，セラミックス，プラスチックなど，ほとんどの材料を接着できることから家庭用接着剤としてよく用いられている。

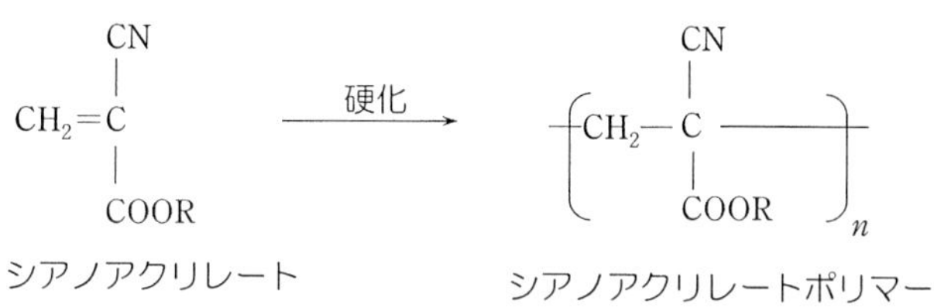

R＝C_2H_5(例えば)
(エチルシアノアクリレート)

図 **5.2**　シアノアクリレートの硬化

（**4**）ジメタクリル系接着剤

分子の両末端にメタクリル基 (メタクリル酸の構造を図 **5.3** に示す) をもつジメタクリル系接着剤で，空気との接触が遮断されると重合が開始される，嫌気性接着剤である。ねじのゆるみ止め，嵌め合い部の固定などに用いられている。

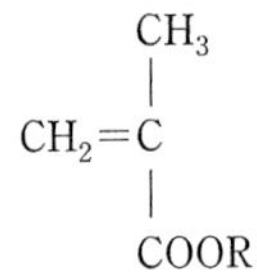

図 **5.3**　メタクリル酸

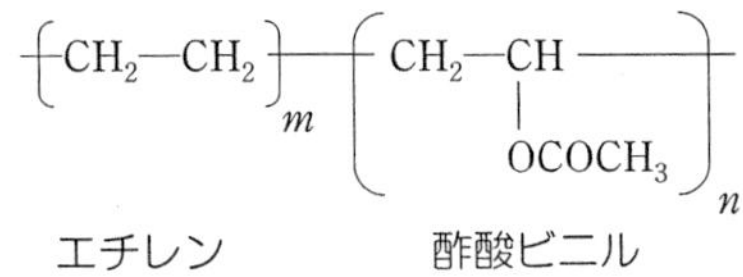

図 **5.4**　エチレン・酢ビ共重合体の構造

(**5**) エチレン・酢ビ共重合体 (**EVA**) 系接着剤

代表的な熱溶融系接着剤であり，エチレンと酢酸ビニルの含有比が低い場合は，エマルジョン系接着剤として用いられている。エチレン含有量は 60～80w％が一般的である (エマルジョン系接着剤として用いる場合は 30w％以下である)。エチレン・酢ビ共重合体の構造を図 **5.4** に示す。接着性，作業性に優れているため熱溶融系接着剤の中で使用量が一番多い。

(**6**) 変性アクリレート系接着剤

第 2 世代アクリル系接着剤ともいわれ，硬化過程でモノマーとエラストマーが反応して，接着強度を向上させている。エラストマーとは，常温で非常に大きな弾性をもつ高分子物質の総称で，たとえば，架橋した天然ゴムや合成ゴムなどは，エラストマーである。スポット溶接，あるいはリベット止めの代りに使用される例が多く，強度の高さから，一般的に，構造用材料の接着に使用されている。金属などの接着に適しており，自動車や鉄道車両，航空機等の分野で用いられている。

(**7**) エポキシ系接着剤

エポキシ樹脂には，たとえば，ビスフェノール A 型，ビスフェノール F 型 (ビスフェノール A 型のベンゼン環の間が —CH_2— となり，A 型よりも柔軟性がある)，臭素化エポキシ樹脂，グリシジルアミン型等があるが，もっともよく用いられているのが，ビスフェノール A タイプの樹脂で，ビスフェノール A とエピクロルヒドリンとの反応によりつくられる。図 **5.5** にビスフェノール A の分子構造と機能を示した。末端のエポキシ基は反応性，その隣は柔軟性，ビスフェノール

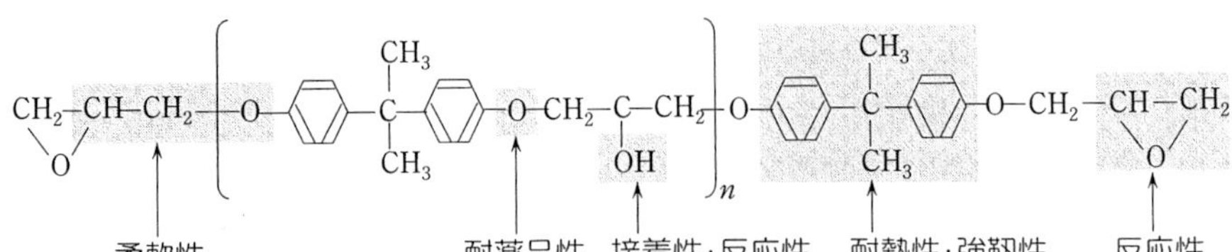

図 **5.5**　エポキシ樹脂の化学構造と各構成単位の機能

Aは耐熱性と強靭性，エーテル基は耐薬品性，—CH(OH)は接着性/反応性に関与するといわれている。エポキシ樹脂は，優れた接着性，耐熱性，強靭性，耐熱性，耐薬品性や電気絶縁性を有しており，幅広い産業分野に応用されている。たとえば，自動車や家庭用電化製品などの塗料や防食用の塗料，配管の内側にさび止めや流体の付着防止，管内部の摩耗防止などのための塗装(ライニング)，コンクリートのひび割れ等防止用の接着剤，航空機や鉄道車両部材用のコンポジット，プリント基板，など幅広い用途に用いられている。

(8) ポリウレタン系接着剤

ウレタン(Urethane)樹脂とは，組成中にウレタン結合(—NH—C=O—O—)を有する高分子化合物の総称であり，構造中に，イソシアネート基を2個以上有するポリイソシアネート化合物(O=C=N—R—N=C=O)と，水酸基を2個以上有するポリオール化合物(HO—R′—OH)などと反応してつくられる。ウレタン樹脂は，使用するポリイソシアネート化合物とポリオール化合物の組み合せにより，プラスチックのような硬質，あるいはゴムのような軟質のウレタンをつくることができる。ウレタン樹脂は，一般的に，耐摩耗性，耐老化性，耐油性に優れている反面，耐食性(とくに耐アルカリ性)に劣るという性質がある。

ウレタン接着剤は，2液型と1液型があり，2液型は，両末端にOH基をもつポリオール(A剤)と，末端にNCO基をもつポリイソシアネート，または，ウレタンプレポリマー(B剤)を混合して用いる。このとき，B剤が多少多くなるように調整し，反応させる。一方，1液型は，末端にNCO基を有するウレタンプレポリマーから成り，被着体表面等の微量な水分と反応して硬化する。一般に，ポリウレタン系接着剤は，耐衝撃性，耐摩耗性，耐薬品性，耐水性に優れているが，耐食性(とくに耐アルカリ性)に若干の問題がある。食品包装や自動車，建材等の用途がある。

(9) ゴム系接着剤

ゴム系接着剤には，クロロプレンゴム接着剤，ニトリルゴム接着剤，スチレン-ブタジエン共重合体(SBR)接着剤などがある。これらの構造を図5.6に示す。クロロプレンゴムは，耐熱性，耐候性，難燃性に優れ，

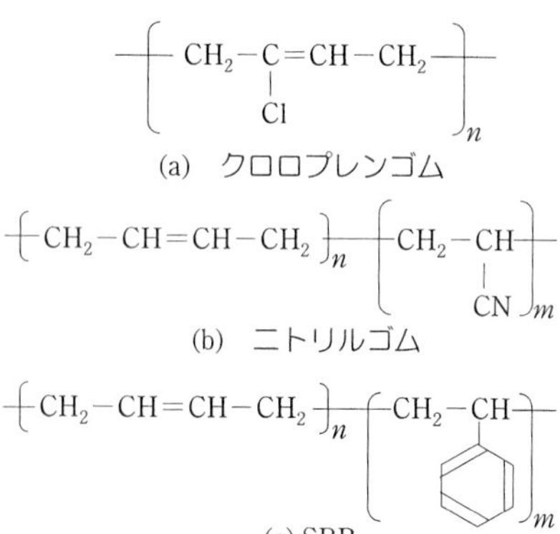

図 5.6　ゴム系接着剤の構造

高い接着性を示す。ニトリルゴムは，耐油性に優れ，クロロプレンゴム系接着剤が使用できない軟質塩化ビニルの接着も可能である。SBRは，主として紙や木工用の接着剤として用いられている。

（10）耐熱性接着剤

耐熱性の有機接着剤として，耐熱エポキシ接着剤，ポリイミド接着剤，ポリベンズイミダゾール接着剤がある。ポリベンズイミダゾール (PBI) は，有機系の接着剤の中でも高い耐熱性を示し，177°C で 4000 時間，288°C で 1000 時間，538°C で 15 分の使用に耐えるといわれている。PBI の構造を図 **5.7** に示す。耐熱性接着剤はセラミックス用有機接着剤としてのニーズが高い。

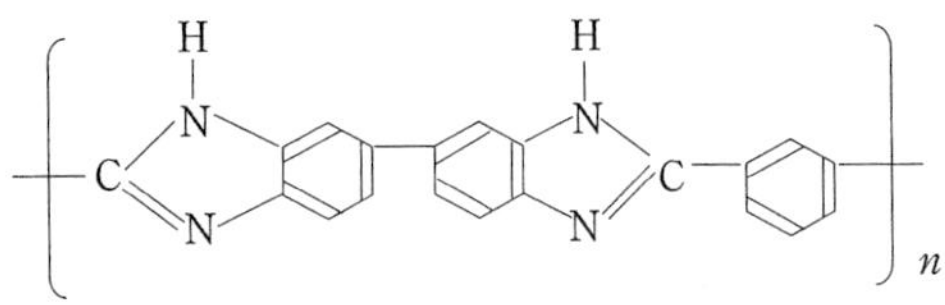

図 **5.7**　ポリベンズイミダゾールの構造

5.3.3　熱硬化性接着剤

（1）フェノール樹脂接着剤

フェノール樹脂は，フェノールとアルデヒドの縮合反応によって得られる樹脂で，絶縁性・耐水性・耐薬品性などに優れ，電気部品や接着剤など幅広い分野で，とくに絶縁塗料や積層板 (一般用ならびにプリント回路基板用が主な用途) に使用されている。フェノール樹脂の特長として，広い温度・湿度範囲で各種性能を維持していること，電気絶縁性，耐熱性，耐酸性に優れること，耐有機溶剤性に優れることがあげられ，短所としては，若干アルカリに弱いことなどがあげられる。

表 **5.1**　フェノール樹脂の特性

物性	フェノール樹脂
比重(g/cm^3)	1.25～1.30
連続耐熱温度(℃)	120
熱変形温度(℃)	115～127
引張強さ(kg/cm^2)	490～560
伸び(%)	1.0～1.5
曲げ強さ(kg/cm^2)	840～1100
圧縮強さ(kg/cm^2)	700～2100
線膨張係数(×10^{-5}/℃)	2.5～6.0
誘電率(1MHz)	4.5～5.5

フェノール樹脂接着剤は，フェノール類とアルデヒド類との縮合反応によって得られる，熱硬化性樹脂を主成分とする接着剤である。フェノール系接着剤は，温度による変化が比較的少なく，耐水性，耐酸性もよいが，可とう性に欠け，衝撃，疲労には弱い。そのため，構造用接着剤としては，クロロプレンゴムやニトリルゴムによって変性して使用されることが多い。表 **5.1** にフェノール樹脂の特性をまとめた。

接着剤としてのフェノール樹脂は，合板などに用いられるが，最近の使用量では，つぎに述べる尿素樹脂接着剤などの方が多い。

(2) 尿素樹脂接着剤・メラミン樹脂接着剤

尿素樹脂は別名，“ユリア樹脂”ともいい，尿素とホルムアルデヒドとの縮重合によりつくられる。無色透明な樹脂で，着色が容易であるとともに安価である。接着剤のほか器具，ボタンなどの日用品や電気製品，接着剤，塗料など広範囲に用いられる。

一方，メラミン (Melamine) 樹脂は，メラミンとホルムアルデヒドとの縮合によってできる熱硬化性樹脂であり，尿素樹脂に似ているものの表面硬度が高く，耐水性，耐熱性，耐薬品性にも優れている。弱酸・弱アルカリで浸漬してもホルムアルデヒドを溶出しないので，食器用成形品や電気製品，あるいは，メラミン積層板の化粧板 (図 **5.8**) などに使用されるほか，自動車部品や住宅建材用の接着剤などに応用されている。

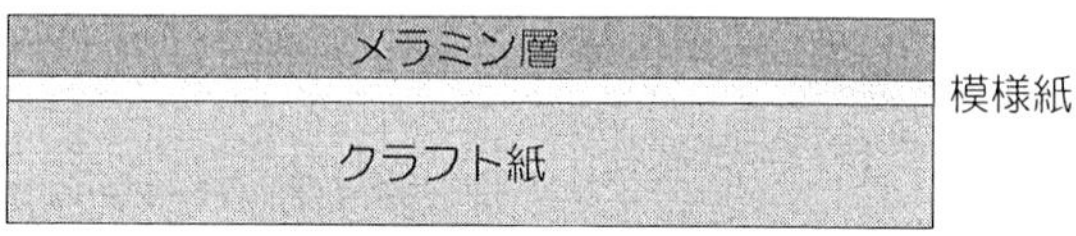

図 **5.8**　メラミン積層板の断面図

5.4　無機系接着剤

無機接着材料は，有機系接着剤に比べてなじみは薄いように思えるが，セメントや粘土，石膏なども無機接着剤であり，なじみの材料である。無機接着剤の最大の特徴は耐熱性であり，ロケット，航空機，原子炉，エンジンなど，耐熱性が要求される分野で用いられている。前述のように，有機系接着剤は耐熱性が低く，一般には，150°C 以下であり，耐熱性が高いとされている芳香族系の有機高分子接着剤でも 400°C で，比較的短時間に限られる。これに対し，無機接着剤は耐熱性に優れるものが多く，1 000°C 以上，種類によっては，2 400°C の高温にも耐えるものがある。また，耐薬品性にも優れている。しかし，無機接着剤は気密性が悪く，耐水性に劣るという欠点がある。

無機接着剤は，一般に，無機の結合剤と硬化剤，および充填剤を主成分としている。

結合剤は，硬化すると強い強度と接着力をもつものでなければならない。このような結合剤は，アルカリ金属ケイ酸塩系，リン酸塩系，シリカゾル系などの結合剤が用いられている。アルカリ金属ケイ酸塩は，硬化する前は粘性のある溶液で，一般に，分子式 $M_2O \cdot nSiO_2$ で表される。ここで，M は 1 価の金属で，リチウム (Li)，ナトリウム (Na)，カリウム (K) など，そのうちもっともよく用いられているのがナトリウムで，安価なケイ酸ナトリウム (水ガラス) が用いられている。また，n が大きくなると，水への溶解性が悪くなる。たとえば，水ガラスの場合，n が 4 をこえると，水への溶解性は極端に低下する。また，n が 3 付近で，接着強度は最大値をとる。一般に，アルカリケイ酸塩の場合，接着強度は Na > K > Li の順に高く，耐水性は，Li > K > Na の順に高いとされている。

燐酸塩系結合剤は，分子式 $M \cdot H_2PO_4$ で表される塩が用いられる。M は金属であり，接着性は，Al > Mg > Ca > Cu > Fe > Zn，耐水性は，Ca, Zn > Mg > Al > Fe, Cu，である。

シリカゾル系結合剤は，無水ケイ酸の超微粒子が水に分散したコロイド溶液であり，微粒子サイズは 10～100 nm 程度である。微粒子は，—Si—O—Si— のシロキサン構造を有し，表面には，シラノール基 (≡S—OH) が現れている。被着体と接すると，シラノール基は脱水縮合して，粒子間にシロキサン結合を形成して，耐水性の構造へと変化する。粒子間，あるいは基材間の結合の大半は，van der Waals 力によるため，接着力は低い。

硬化剤は，結合剤の耐水性を補うために添加される。硬化剤は耐水性の向上には有効であるが，接着力を低下させることもあるので，添加しないこともある。

充填材は，結合剤を加熱して反応させる際に生じる体積膨張・収縮によりひび割れを起すのを防ぐために使用する。このほか，耐熱性，接着強度，熱伝導，電気特性，耐薬品性，耐摩耗性等の向上にも寄与する。石膏，セメント (マグネシアセメント，アルミナセメント，鉄セメントなど) は，水の添加により水和反応を生じて硬化する。石膏，マグネシアセメントは硬化後の加熱により結晶水を放出するため耐熱性は低いが，アルミナセメントは結晶水の放出後，さらに加熱すると焼結するため耐熱性を有している。

5.5　金属材料の接着

5.5.1　ハンダによる接着

金属材料の接着技術としてよく知られている技術に，低融点金属 (たとえば，ハンダ) を用いて，金属と金属をロウ付けして接着する技術がある。

ハンダは, 接着時に軟化点以上の温度で加熱することで接着剤を溶融させ, 被着剤をぬらし冷却により固化接着する，一種のホットメルトである。鉛–スズ (Pb–Sn) 系のハンダに数種類の微量元素を配合し，ガラス，セラミックスの接着を可能にしたものである。溶融型の特徴として，接着強さ，気密性が優れる一方，使用温度が溶融温度 (接着温度) よりも低いという欠点がある。

溶融ハンダに超音波を照射すると，ハンダ付けを行う材料表面の酸化皮膜を破壊して，活性界面を生じさせる。これにより，溶融ハンダのぬれを促進させて接着部の気泡を除去し，均一で欠陥のない接着体が得られる。超音波によって機械的に強固なアルミニウム酸化膜を除去し，ぬれ性を促進させるとともに接着部の信頼性を向上させる。ガラス，セラミックスに直接接着可能なセラソルザ (ハンダ合金 Pb–Sn を主成分とし，Zn，Sb を添加した 4 元系合金) に超音波法を用いて，電子材料部品の接着・接合が行われている。

5.5.2　メタライズ

材料表面を種々の方法で金属化することを，メタライズという。セラミックスや高分子材料 (主に，プラスチックフィルム) のメタライズは，電気・電子材料分野や装飾関連分野で幅広く用いられている。メタライズは，(1) 金属を固体状態で基材上に固着する固相法，(2) 金属を溶液 (溶融) 状態にしてから基材上に金属を析出させて固化する方法，(3) 金属 (あるいは金属を含む) 蒸気を用いて基材上に金属を析出させる気相蒸着法，に分類される。

(1) 金属を固体のまま固着する固相法は，箔状または板状の金属を直接形成する方法であり，一般的には，セラミックス基材に固着する方法として用いられる。この方法は，メタライズ層である金属の純度が高いので，耐熱性，耐食性に優れている。メタライズ層を形成する加熱法として，メタライズする金属の融点以下の温度で加熱する方法と，融点以上に加熱して行う 2 つの方法がある。

融点以下に長時間加熱するメタライズ法では，金や白金などの貴金属の箔を用いることが多い。この場合，セラミックス表面をできる限り鏡面に仕上げて，セラミックスと金属が完全に接触できるようにすることが肝要である。これに対し，金属を融点以上に加熱すると，メタライズ層 (金属または金属酸化物) がセラミックス表面に溶融した液体状態で拡がる。この場合は，前記の融点以下に長時間加熱する場合と異なり，セラミックス表面は平滑よりもある程度粗れている方が，アンカー効果により接着強度が向上するので好ましいとされている。

(2) 金属の溶液 (溶融) 状態にしてメタライズする方法の特徴としては，金属を溶液・溶融状態とすることでどのような形状のセラミックス表面にも応用できること，塗布パターンも印刷によって簡単に描けることなど，応用範囲も広いことがあげられる。たとえば，セラミック基板上へ，電気回路パターンを形成する場合などに用いられる。この方法では，加熱操作を伴う工程があるので，セラミック基板表面と金属層の間に化学結合が生じ，金属層と基板の密着性が高いとされている。また，(3) に述べる気相蒸着法で形成する金属層よりも膜厚が厚いことも特徴の一つである。

(3) 金属 (あるいは金属を含む) 蒸気を用いて基材上に金属を析出させる気相蒸着法は，物理的に金属薄膜を形成する方法 (PVD) と，化学的に金属薄膜を形成する方法 (CVD) に大別される。蒸着法は均質な薄膜を形成できるという長所がある反面，形成するメタライズ層の厚さに限界がある (成膜速度が前述の方法に比べて遅い) という欠点もある。この方法については，次節にて詳細に述べる。

前述の (2) で述べた溶液 (溶融) 状態にしてメタライズする方法の一つに，高融点金属法がある。高融点金属法は，モリブデン (Mo)，Mo–マンガン (Mn)，タングステン (W)，W–Mn などの金属に，添加物 (有機物などの結合剤) を加えてペースト状態にしたものをセラミックス表面に塗布し，加湿水素や加湿フォーミングガス (H_2/N_2) 中で 1 300～1 700°C に加熱して金属層を形成する方法である。この面をニッケル (Ni) でメッキするか，あるいは還元した後，適当なロウ材料 (たとえば Ag ロウ，Cu ロウ，Au ロウ，等) を使用することで金属層を形成できる。使用する高融点金属の種類により，Mo 法，Mo–Mn 法等に分類されている。

Mo–Mn 法の接合機構についてはいくつかの説があるが，その代表的なものを**図 5.9** に示す。まず，Mn が加熱によりで酸化され，酸化マンガン (MnO) になる。MnO は高温 (1 140°C 以上) ではアルミナ (Al_2O_3) と不純物である SiO_2 とともにガラス相を形成する。このガラス相は，表面がごく一部酸化した Mo にぬれやすく，メタライズの空隙部をぬらす効果があり，メタライズの焼結を促進さ

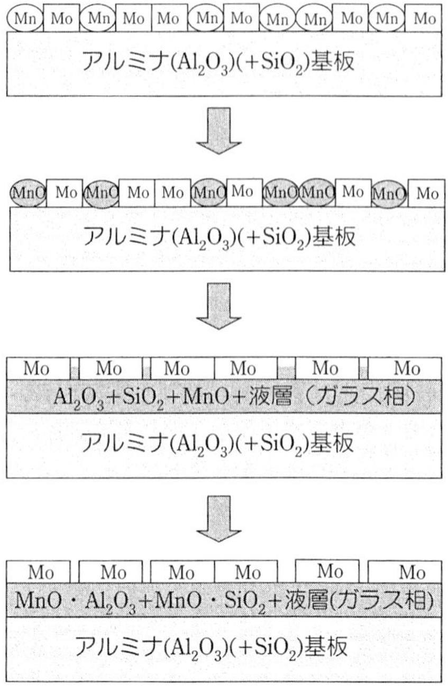

図 **5.9**　セラミックスのメタライズ (Mo–Mn 法)

せている。冷却後ガラス相には，$MnO \cdot Al_2O_3$ や $MnO \cdot SiO_2$ 結晶が析出している。Mo や W はアルミナと熱膨張特性が類似しており，焼結性も類似しているのでアルミナとの接合によく用いられる。

銅は空気中で加熱すると酸化銅となるが，比較的緩い条件で金属に還元される。また，鉛や銀に比べて融点は高いが展延性であることから，膨張係数が異なる材料の接合を行う場合に，接合界面で生じる応力を緩和する効果があるといわれている。さらに，銅の酸化物を溶融してセラミックス表面に塗布すると，銅の酸化物とセラミックスとのぬれ性が良好なため，銅や銅化合物とセラミックスの間で強い結合を形成する。つまり，銅はセラミックスとの接着および金属層の形成に適した材料であるといえる。

銅化合物法は，たとえば，酸化第一銅 (Cu_2O) とアルミナの混合物を空気中で加熱しながら微粉末状にし，これをセラミックス表面に塗布して，約 1 200°C 以上で加熱した後，還元雰囲気下で約 1 000°C に加熱して，銅のメタライズ層を形成する方法がある。銅化合物として，たとえば，酸化銅や硫化銅を用い，これにカオリンやシリカを添加して混合ペーストをつくる。セラミックスにこのペーストを塗布し，空気中で加熱した後，焼きつけた層の表面を還元する。たとえば水素雰囲気中で加熱するか，あるいは，加熱した試料を，アルコールやアルデヒドなどの有機溶媒中に浸漬することによって還元される。セラミックス表面上に銅層が形成され，その上にロウ付けによって金属と接合することができる。この方法で形成した銅薄膜層は導電性が良好で，セラミックス上に電気回路をつくることもできる。また，形成した銅薄膜の上に必要に応じて Ni メッキを施すこともできる。

また，硫化銅とカオリンの混合物をペースト状にし，セラミックスに塗布して空気中で加熱する方法も知られている。空気中で加熱することにより硫化銅は酸化銅となり，このとき，カオリンとの反応が起る。高温でこの層の上に炭酸銀の粉末を散布すると，炭酸銀は熱分解して金属銀となり，銀薄膜で覆われることになる。すなわち，セラミックスは銀でメタライズされたことになり，ロウ付けによって鉄や銅などの金属と容易に接合される。この方法は，アルミナ等の酸化物セラミックスのメタライズだけでなく，窒化ケイ素のような非酸化物セラミックスにも適用が可能である。接着に際し，酸化銅などの溶融物は，混合物中のカオリンの働きによりセラミックスをよくぬらすとともに，カオリンはセラミックス内部への銅成分の浸透を促して，銅がセラミックス内部に分散して形成された中間層の生成を助け，その結果として接着力を高めている。

5.6　接着のメカニズム

一般的に，接着剤に必要な要件として，塗工時に流動性を有すること，被着体の表面を十分にぬらすこと，乾燥して硬化することが必要である。

接着剤による接着は，まず，被着体の表面がぬれることが必要である。接着剤と被着体間に働く分子間力の作用する間隔は数 Å である。接着剤と接着体表面の分子が，互いにこの間隔に近づき，かつ，全表面に広がっていくためには，接着剤により被着面がぬれていなくてはいけない。

このぬれ現象は，固体と液体とが関与する界面現象であり，固体/液体界面のぬれ現象に影響する因子は，固体表面の汚染，固体表面の吸着水，固体表面の自由エネルギーなどがある。とくに，セラミックスや金属の表面では吸着水の影響が大きく，ぬれ性をよくする上で，表面の汚れの除去とともに吸着水も除去したほ

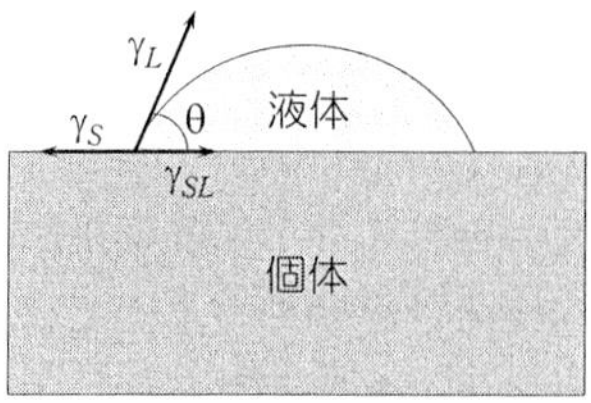

図 **5.10**　表面自由エネルギー

表 **5.2**　結合エネルギー

結合の種類	結合エネルギー　[kJ/mol]
イオン結合	600〜1500
共有結合	60〜1000
金属結合	110〜350
水素結合	10〜40
van der Waals 力	0〜10

うがよい。一般に，固体の表面自由エネルギーを γ_S，液体の表面自由エネルギーを γ_L，固体/液体界面の自由エネルギーを γ_{SL} とし，液体と固体の接触角を θ とすると，図 **5.10** のように表すことができる。図 **5.10** の関係を数式化すると，

$$\gamma_S = \gamma_{SL} + \gamma_L \cdot \cos\theta \tag{5.1}$$

が成り立つ。

固体表面から液体を引き離すのに必要な熱力学的接着仕事 W は，

$$W = \gamma_S + \gamma_L - \gamma_{SL} \tag{5.2}$$

のような関係が成り立つので，式 (5.1)，式 (5.2) から

$$W = \gamma_L \cdot (1 + \cos\theta) \tag{5.3}$$

すなわち接触角 θ が小さいほど接着仕事が大きい，つまり接着力が大きくなる。

界面がぬれると，接着剤の硬化により，固体 (被着体) 表面の分子は接着剤分子と結合する。一般に，イオン結合，共有結合，金属結合などの化学結合 (1 次結合) よりも，van der Waals 力 (2 次結合) や水素結合による分子間引力が，被着剤と接着剤間の接着に関与している。エポキシ系接着剤の接着結合力が大きいのは，極性分子間に生じる水素結合のためと考えられる。各種結合エネルギーのおよその目安を表 **5.2** に示した。

一般に，接着力は被着体の凝集力，被着体と接着剤の界面に働く界面接着力，接着剤そのものがもつ凝集力，という 3 つの力から構成される。接着力 (接着強度) は，直接測定することはできない。接着力は，破壊が起る瞬間の力であり，破壊の強さである。一般的に，破壊はもっとも弱いところで起る。たとえば，図 **5.11**(a) に示すような，被着体 X と被着体 Y が接着剤 A により接着している場合を考える。(b) おいて，破壊の場所は接着剤内部 (③) である。このような破壊の様式を凝集破壊といい，接着強度は接着剤の力に依存する。したがって，接着剤自身の

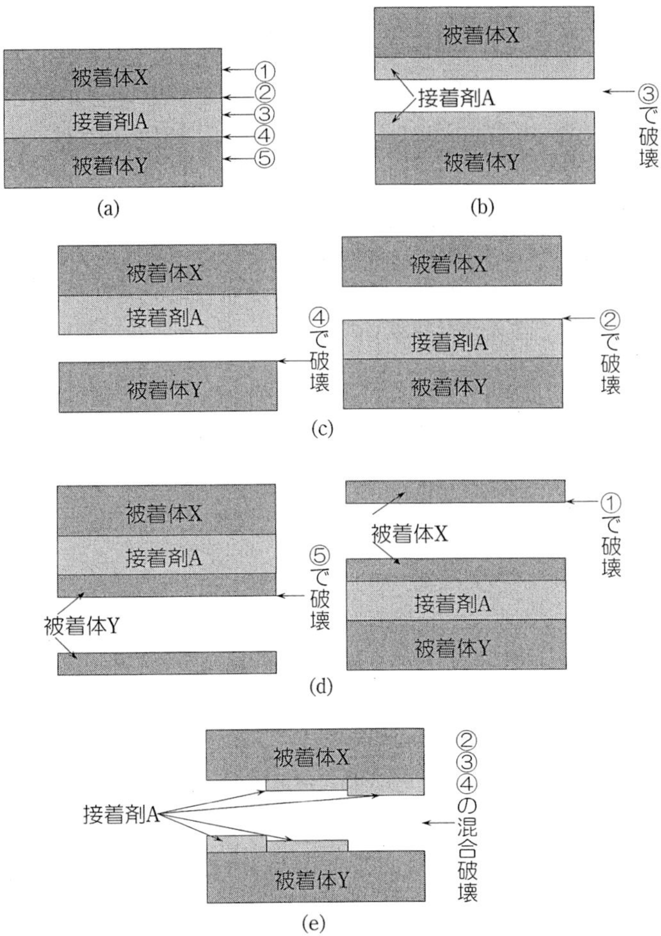

図 **5.11**　接着のモデル (断面図)

物性や硬化条件を改良することで，接着強度は改善する。(c) は，接着剤と被着体X，または Y の界面 (②または④) が破壊の場所であり，このような破壊の様式を界面破壊といい，接着強度は接着力だけでなく，応力の種類，接着剤と被着体の界面相互作用，破壊の条件に依存する。(d) は，被着体の破壊 (①または⑤で破壊) で，被着体自身の強度であり，接着強度とは直接関係はない。(e) は凝集破壊と界面破壊の混合であり，破壊の場所は，接着剤 A および被着体 X または Y の界面である。この場合の接着強度は，凝集力と接着力の両者に依存する。実際には，これらが混在していることもある。破壊場所の特定は，走査電子顕微鏡などによる破壊面の形態観察や，光電子分光法 (X 線光電子分光法やオージェ電子分光法) などによりなされている。材料の多くは，表面付近にその材料内部よりも脆弱な層 (WBL：Weak Boundary Layer) が存在し，実際の破壊はこの WBL で起る場合も少なくない。

一般的な原則として，破壊はもっとも弱い場所で起る。また，接着強度 (破壊強度) は，測定条件によって異なり，測定環境や膜厚などによっても，破壊の場所が異なることがある。また，同一条件で測定する場合にも，ばらつきが生じることが多いので，正確な接着強度は多くの測定データを基に統計的に処理して，解析しなくてはならない。

5.7 セラミックスとの接着

5.7.1 固相–液相接着

前述の有機接着剤，無機接着剤，ハンダ等などによる接着は，いわゆる固相–液相接着である。固体であるセラミックス被着体を，液体を用いて接着する固相–液相接着において，接着時に液体である接着相による被着体のぬれが，接着にもっとも効果的に働く場合が多い。この固相–液相接着における液相は，前述の有機系接着剤，無機系接着剤，ハンダなどである。

有機系接着剤で，エンジニアリングセラミックスに使用されるのは，エポキシ系，各種ゴム変性フェノール系の接着剤で，とくに，耐熱性を必要とする部分には，耐熱エポキシ，ポリイミド系，ポリベンズイミダゾール系がある。エレクトロニクス分野のセラミックスの接着に使用されるのは，エポキシ系の接着剤がよく用いられる。また，速硬化性で接着作業性のよいものも好まれ，水，アミン，アルカリのアニオン重合により秒単位で硬化する，シアノアクリレート系の接着剤も使用されている。また，紫外線で硬化するタイプや，金属に触れると硬化するタイプのいわゆる嫌気性の接着剤も使用されている。

有機系接着剤に比べ，無機系接着剤は，室温～300°C で硬化でき，しかも，1 000°C 以上の耐熱性を示すという長所があり，耐熱性が必要な電気工業，窯業で利用されている。

金属系の接着剤では，ハンダがセラミックスとの接着によく用いられている。溶融ハンダに超音波を照射して，被着面表面を活性化するとともに接着部の気泡を除去する。また，ガラス，セラミックス用のハンダとして，たとえば，セラソルザ (Pb–Sn 合金に Zn，Sb 等を添加したもの) があり，セラミックス表面に直接接着が可能である。セラソルザ中の添加物は，ガラス，セラミックスの酸素原子と結合する。

どの接着剤も，セラミックス特有なものが少なく，一般材料の接着問題と同様に取り扱われる分野である。

5.7.2　固相加圧接着

被着体を密着させ，圧力をかけながら加熱すると，被着体表面が溶融し，圧力により，セラミックスや金属の表面に降伏変形を起し，被着体は接着される。この接合に必要な圧力は，通常，0.1～15 MPa，温度は，絶対温度で表した材料の融点 (T_m) と $0.5T_m$ の間である。最近では，高温静水圧圧縮法による高圧加圧も行われている。これは，高温で材料の表面に，同時に等しい圧力 (静水圧) を働かせて，圧縮成形を行うプロセスである。

固相加圧接着法のメカニズムは，図 **5.12** に示すモデルが考えられている。被着体としてセラミックスと金属を用いる場合，加圧加熱により金属表面の塑性変形が起り，接触面積が増加する。次いで，表面拡散，体積拡散が起ることで，界面に生成した空洞が消滅し，接合されるというモデルである (図 **5.12**(a)～(d) の過程を経て接合する)。実際に，本法による貴金属膜の接着技術が実用化されている。

被着体にセラミックスとセラミックスを用いる場合，たとえば，Al_2O_3，Si_3N_4，SiC などの接着が可能である。

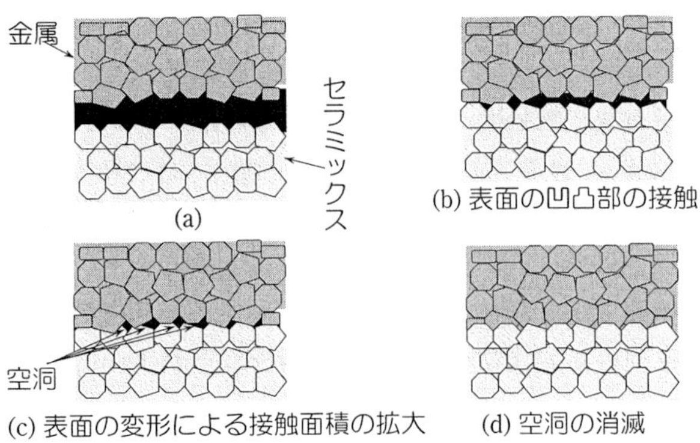

図 **5.12**　セラミックスと金属の固相接合モデル

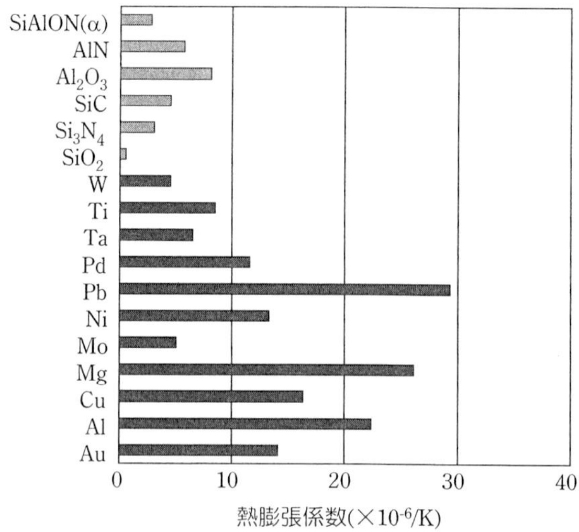

図 **5.13**　代表的セラミックスと金属の熱膨張係数

セラミックスと金属の接着・接合において，両者の熱膨張差に伴う熱応力は大きな問題である。一般に，セラミックスは金属よりも熱膨張係数が小さい。代表的な金属とセラミックスの熱膨張係数を図 **5.13** に示した。金属とセラミックスを接着・接合する場合，接着・接合を行う温度から冷却する際に，この熱膨張差が原因で接着・接合界面に高い残留応力が発生する。この残留応力により，しばしばセラミックスの破壊を引き起す。すなわち，界面において，金属とセラミックスが強固に接着・接合される場合でも，熱膨張差が大きいとセラミックスが破壊される。このような熱膨張差による応力を緩和するため，中間層を用いて，接着・接合する技術も開発されている。たとえば，軟金属 (ソフト・メタル) を中間層に用いる方法がある。軟金属として用いられるのは，アルミニウム (Al) やニッケル (Ni) などである。Al や Ni などの軟金属を接着・接合体の中間層とすることで，両者の熱膨張差によるひずみは，中間層の弾性塑性変形によって緩和される。軟金属のほかには，セラミックスと金属の中間的な熱膨張率をもつ金属や複合材料の中間層を用いる方法もあり，さらに，中間層を多層積層構造とする，いわゆる傾斜機能材料を用いる方法など，多くの試みがなされている。

5.7.3 溶接接着

セラミックスは一般に，金属に比べて高融点のものが多く，金属に用いられる溶接技術 (プラズマ溶接やガス溶接など) がそのまま利用できるとは限らない。セラミックス材料を溶融接合するには，エネルギー密度の高いレーザ光や電子ビームが用いられている。たとえば，$10^5 \sim 10^9$ W/cm^2 のエネルギー密度のレーザ光や電子線を微小領域に集中することにより，高能率で熱影響の小さい加工手段となる。とくに，発振波長の長い炭酸ガスレーザ (波長 10.6 μm) や YAG レーザ (波長 1.06 μm) はセラミックスに対する吸収効率が高く，電気・電子機器用セラミックスの切断や，スクライビング，マーキングなどの微細加工技術として用いられてきた。レーザを用いた加工技術については，次節で詳しく述べることとし，ここでは，レーザを用いたセラミックス加工の問題点と解決例について述べるにとどめる。

ガストーチや電子線を用いてセラミックスを溶接する場合にもいえることではあるが，レーザを用いてセラミックスを溶接する場合も，溶接時の熱衝撃や残留応力，あるいは，溶接部における結晶粒の粗大化，気泡の残留等の問題が生じることがある。

溶接時には，レーザ照射部の加熱，冷却速度や温度勾配が生じるために熱応力が発生する。この熱応力により，セラミックスに亀裂が発生するので，これをいかにして避けるかが重要である。大気中で溶接する場合，金属材料の場合と異なり，最初から焦点位置近傍に高密度のレーザを照射して加工することはできない。電気炉やバーナー等で，セラミックス材料をあらかじめ数百 °C 以上に加熱しておくか，溶接部周辺を他のレーザやガスバーナーで加熱しながら溶接することにより，溶接部近傍の温度勾配をできるだけ小さくすることが必要である。このほかの方法として，溶接に用いるレーザの焦点をはずした状態で，かつ低走査速度で照射する方法もある。

たとえば，フォステライト ($2MgO \cdot SiO_2$) は，熱膨張率が大きく熱伝導率が低いために，熱破壊を起しやすい材料と考えられているが，この場合も，800°C 程度まで予熱しておけば，溶接加工が可能であるという報告もある。

レーザ溶接では，余熱・徐冷によりクラックの発生が防ぐことができるが，気泡や結晶粒の粗大化の問題が残る。気泡の発生を抑えるには，緻密で気孔率の小さい素材を用いること，冷却速度を小さくすることが必要であるといわれているが，冷却速度を小さくすることで粒成長が起り，結晶粒が粗大化しやすくなることも知られており，冷却速度の制御は難しい問題である。B_4C パウダーの添加により，結晶成長が抑えられることも見出されているので，適当な溶接助剤を添加することも有効な手段の一つである。

5.7.4　機械的接合

金属材料では，種々の機械的接合法が用いられている。セラミックスは，脆性材料であり，一部に強い応力がかかることや，複雑な形状の機械加工は避ける必要がある。このような技術に，ねじ接合，蟻組接合といった技術がある。

(1)　ねじによる接合

セラミック部品を，金属性のねじで結合し組み立てることは，比較的容易に実施できる機械的接合法である。この場合，ボルト締めによってセラミックスが破損することがないように，以下の注意が必要である。

(1) ボルト穴の配置，大きさ等を配慮し，過度な応力を避ける，
(2) 接合する面が平行になるように，また，表面を滑らかにして面の当りを平均化する，
(3) ボルトの締付けトルクを管理して，過度な応力を避ける，
(4) ボルト座面，ナット座面には，座金などの適当な緩衝材を用いて応力集中を緩和させる，等

また，セラミックスよりも，金属性ボルトの方が熱膨張率が大きいので，温度上昇によってねじの緩みが生じる。バネ座金等の緩み止めを考慮する必要がある。

配管などの接合を行う場合，強い接合力は必要ないが，ガス，液体などに対するシールが必要なことがあり，セラミックス製の配管を用いる場合も，通常の配管 (金属系) で用いられる方法と同様である。常温では，ゴム，プラスチック等のシール，ガスケットで十分であるが，高温では，鉄鋼などの軟金属，炭素系ガスケットが使用される。

生体においては，生体との適合性，耐腐食性，強度などの点から，セラミックスねじ，あるいは，サファイアねじが考えられている。サファイアねじは，歯科用に製造されているもので，セラミック義歯を顎骨にねじ止めするために用いられており，その材料強度は，約 1300 MPa 程度である。サファイアねじの曲げ強さはステンレスねじよりも強く，外科用ねじとして注目されている。

また，ねじ接合以外に，セラミックスの焼成や加熱変体による収縮を利用するもの，焼きばめ，冷ばめ，圧入などの手段が応用されている。セラミックス部分への，引張応力の集中を避けるための工夫が重要視されている。

第6章　電子材料と加工技術

6.1　半導体の特性

6.1.1　半　導　体

半導体は，導体と絶縁体の中間的な性質を示す物質である。たとえば，室温における電気伝導率が，金属と絶縁体の中間の $10^3 \sim 10^{-10}$S/cm 程度である物質である。図 **6.1** に，金属 (導体)(a)，半導体 (b)，絶縁体 (c) のエネルギーバンドを示す。価電子帯は，電子で充足されて電子が自由に動くことができないところであり，伝導体は，電子が自由に動き回れるところである。禁止帯は電子が存在することのできないところで，この禁止帯の幅をエネルギーギャップという。金属では，図 **6.1**(a) に示すように，禁止帯がなく，価電子帯と伝導帯が重なり合っている。半導体では，絶縁体に比べてエネルギーギャップが小さい。電子工学の基礎となっている半導体素子，あるいは，その集積体である集積回路 (IC) は半導体の性質を利用してつくられている。

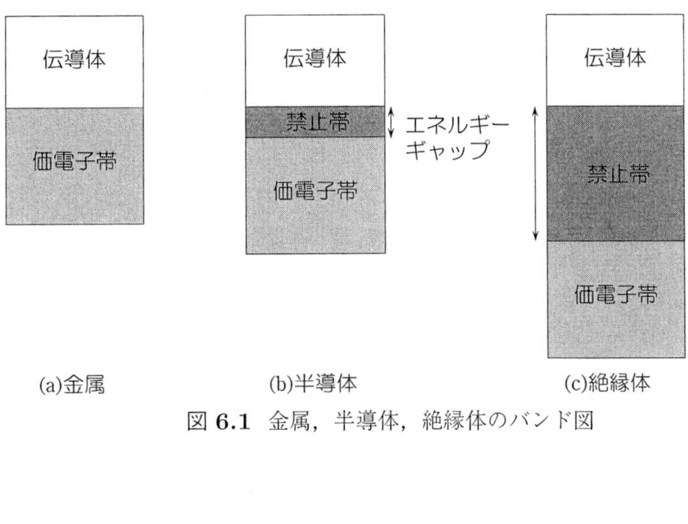

図 **6.1**　金属，半導体，絶縁体のバンド図

半導体には，真性半導体と不純物半導体があり，不純物半導体は，n 型半導体と p 型半導体に分類される。真性半導体は，電気伝導に関与する担体(自由電子と正孔)がその半導体固有のものであり，外来の不純物や格子欠陥の導入による，担体濃度の変化が無視できるものをいう。熱や光照射などにより，エネルギーギャップよりも大きなエネルギーが加えられると，電子が価電子帯から伝導体へ飛び上がり，荷電子帯には電子が抜けたホールが生じる。**表 6.1** に，代表的な半導体材料のバンドギャップエネルギーを示す。

表 6.1　半導体材料のバンドギャップエネルギー

	材料	バンドギャップ(eV)
Ⅳ属	Si	1.1
	Ge	0.68
Ⅲ－Ⅴ属	AlSb	2.4
	GaAs	1.4
	GaSb	0.67
	InP	1.25
	InAs	0.33
	InSb	0.18
Ⅱ－Ⅵ属	ZnTe	2.1
	CdSe	1.7
	CdTe	1.5
	CdS	2.4
	HgSe	0.6

不純物半導体は，シリコン (Si) やゲルマニウム (Ge) などの 4 価の元素に不純物を混ぜることにより，4 価の元素の一部が置換し，電荷の運び手となるキャリアが生成される。この不純物の量を調節することで，半導体の特性を変化させることができる。p 型半導体は 3 価の元素を，n 型半導体では 5 価の元素を不純物として，混合している。

(1) p 型半導体

Si や Ge などの 4 価の元素にホウ素 (B) などの 3 価の元素を混ぜた半導体である。**図 6.2** に示すように，p 型半導体では電子が不足して，原子が結合できない

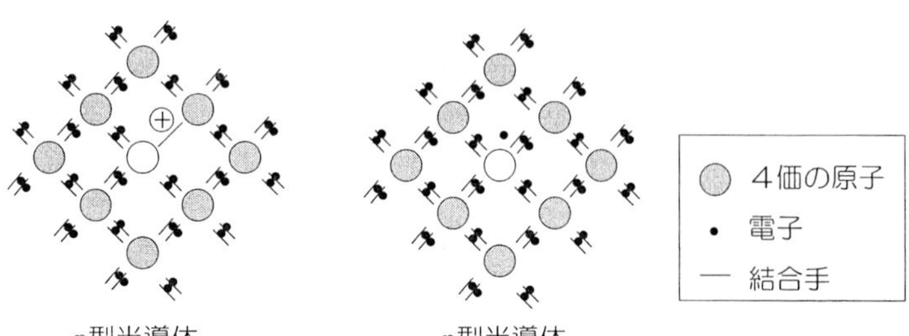

図 **6.2**　p 型半導体と n 型半導体の電気伝導機構

部分 (正孔) が正の電荷のキャリアとなる。正孔は，正電荷をもつ荷電粒子のような挙動を示す。

（2）n 型半導体

Si や Ge などの 4 価の元素に，ヒ素 (As) などの 5 価の元素を混ぜた半導体である。**図 6.2** に示すように，n 型半導体では，原子の結合の際に結合に関与しない余分な電子が発生し，この自由電子が負の電荷のキャリアとなっている。

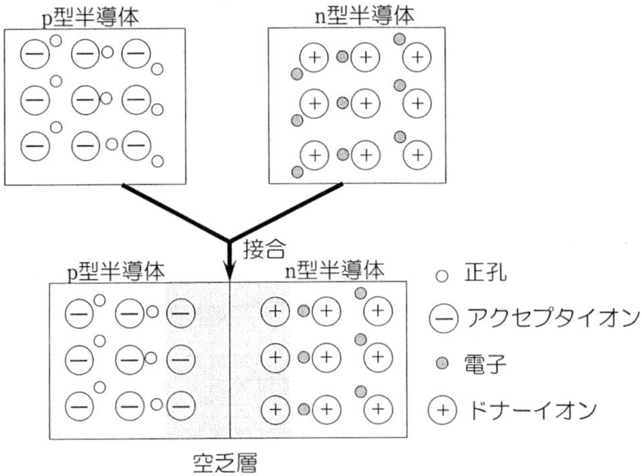

図 **6.3**　pn 接合とキャリアの拡散

p 型半導体と n 型半導体の二つを非対称に接合したものを pn 接合といい，半導体デバイスに用いられている。**図 6.3** に示すように，キャリアの密度の異なる p 型半導体と n 型半導体を接触させると，キャリアの拡散が起り，電子は n 側から p 側へ，正孔は p 側から n 側へと移動する。このようにして，電子と正孔が互いにぶつかると消滅する。これを再結合という。接合付近での正孔と電子の拡散や再結合は，ある程度進行したところで止まる。pn 接合近傍の p 側には負のアクセプターイオンが，n 側には正のドナーイオンが残される。この領域を，キャリアがないことから，空乏層という。空乏層を介して，接合の両側では電位差が生じる。これを拡散電位という。pn 接合では，n 側の方が p 側より電位が高くなるので，ポテンシャルエネルギーも p 側の方が n 側よりも高くなる。このエネルギー差をエネルギー障壁という。pn 接合に電圧をかけると，電圧をかける方向により，エネルギー障壁が低くなる場合と高くなる場合がある。pn 接合に電圧をかけるとき，電流が流れる方向を順バイアス，逆に，電流が流れない方向を逆バイ

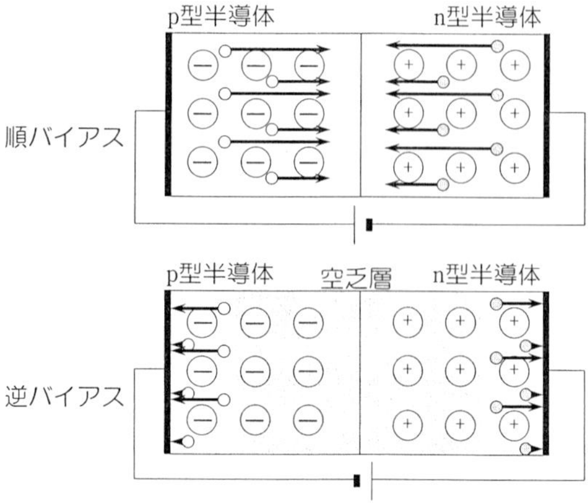

図 **6.4**　順バイアスと逆バイアス

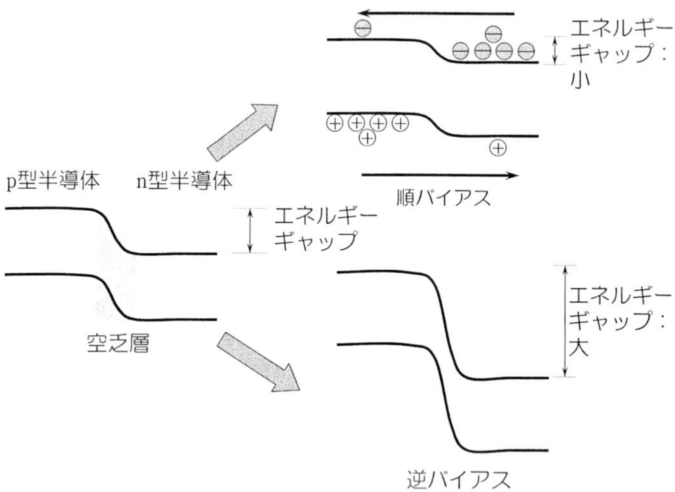

図 **6.5**　バイアスとエネルギーギャップ

アスといい，図 **6.4** に示す。

図 **6.5** に示すように，p 型半導体と n 型半導体の接合部分は遷移領域 (空乏層) で，エネルギーバンドが曲がっている。この部分では，電子や正孔の拡散を妨げるエネルギー障壁 (ギャップ) が生じる。このため，電圧をかけていない場合は，電子の移動は起らない (平衡状態にあり，見た目には電子の移動はない)。順バイ

アスの場合，障壁が小さくなるため電流が流れる。一方，逆バイアスの場合は障壁が大きくなるために電流は流れない。

6.1.2　高集積化のための集積回路材料

1970年代以降，Siを用いたIC技術はさらに集積化が進み，LSI(Large Scale Integrated circuit)，さらには，VLSI(Very Large Scale Integrated circuit)の時代を迎えた。Siは，ほとんどすべての電子デバイスに応用されており，Si集積回路の代表的素子構成として，トランジスタがある。トランジスタには，バイポーラトランジスタを基本とするものと，MOS(金属－酸化物－半導体)トランジスタを基本とするものの2種類がある。

(1) MOSトランジスタ

MOS電界効果トランジスタの基本構造を図**6.6**(a)(b)に示す。キャリアの流れるチャンネル部分と，ゲート電極(多結晶シリコンや金属シリサイド)の間に薄い絶縁膜(シリコン酸化膜)があり，一種の平行平板型コンデンサーを形成している。図**6.6**(a)に示すように，電圧を印加しないときはソースとドレインの間は電流が流れないが，ゲートに正の電圧を印加し電圧を上げていくと，ゲート電界に

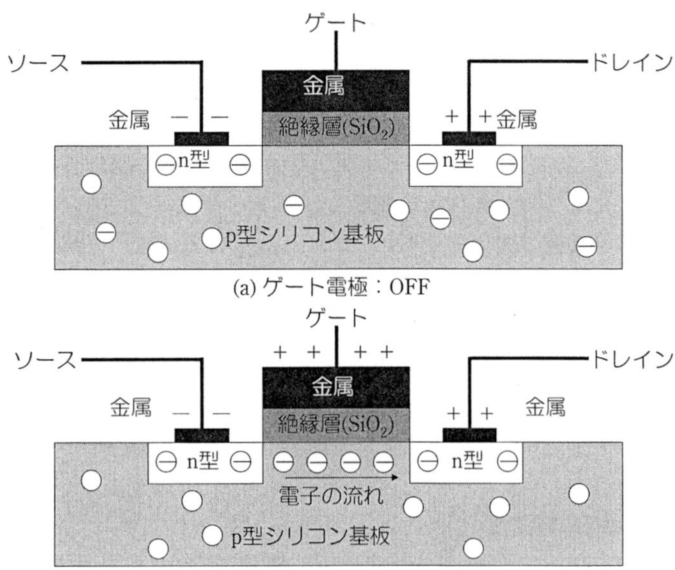

図**6.6**　MOS電界効果トランジスタ

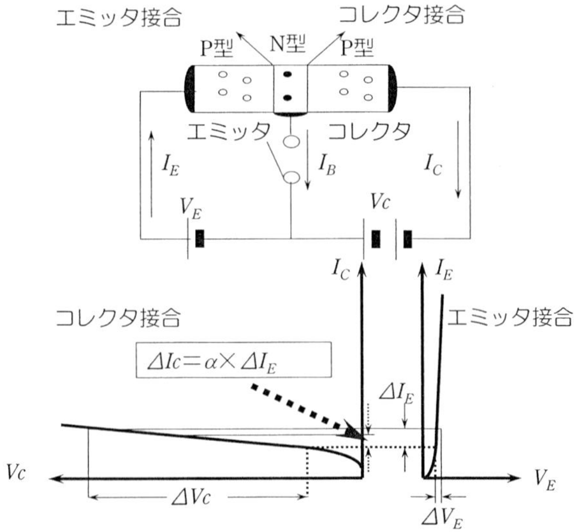

図 **6.7**　バイポーラトランジスタ

より電子が引き寄せられて，p 型層の上面に n 型のチャンネル領域が生成する。これは，反転層と呼ばれている。反転層は空乏層によって基板との導通が絶たれているため，ソースとドレイン間の電界により電流が流れる (電圧増幅型のトランジスタ)。

(**2**) バイポーラトランジスタ

図 **6.7** に示すように，バイポーラトランジスタのような接合型トランジスタは，電子と正孔によって増幅作用が現れる。エミッタ電圧が ΔV_E だけ変化したときの，エミッタ電流の変化を ΔI_E とする。ΔI_E によって，それと同じ程度の電流変化 $\Delta I_c = \alpha \times \Delta I_E \doteqdot \Delta I_E (1 > \alpha \doteqdot 1)$ がコレクタ側に起ったとすると，$\Delta V_c \gg \Delta V_E$ である。

エミッタ側の入力電力 $\Delta P_E = \Delta V_E \times \Delta I_E$ と，コレクタ側の出力電力 $\Delta P_c = \Delta V_c \times \Delta I_c$ の比は，$(\Delta V_c \times \Delta I_c)/(\Delta V_E \times \Delta I_E) = \alpha \times (\Delta V_c)/(\Delta V_E) \gg 1$ となり，入力電力に対して出力電力が大きく増幅される (電流増幅型のトランジスタ)。

6.1.3　半導体材料の製造法

半導体材料としてもっともよく用いられる Si の製造方法について述べる。Si は，珪石 (SiO_2 が主成分) をコークスで還元してできた粗ケイ素を精製後，結晶

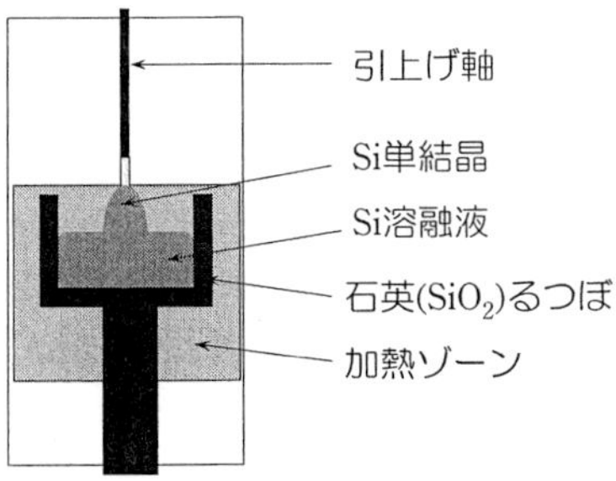

図 **6.8** CZ 法による結晶成長

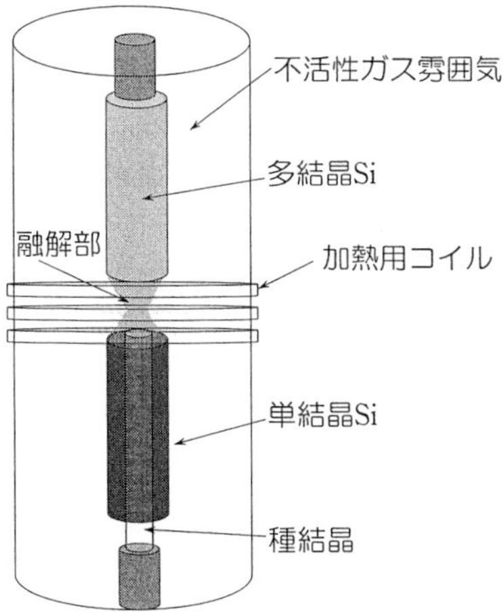

図 **6.9** FZ 法による結晶成長

引上げ法や帯域溶融法によって純度を高めている。珪石の還元反応を式 (6.1) に示す。

$$SiO_2 + 2C \rightarrow Si + 2CO \tag{6.1}$$

この時点で，金属級 Si の純度は 98〜99％で，不純物として，鉄やアルミニウムなどがある。作製した金属 Si(純度 98％) を原料として，これを微粉化して塩化水素 (HCl) と流動床で反応させ $SiHCl_3$ をつくり，蒸留法で精製して高純度化する (炭素を除くと，不純物は 5×10^{13}原子/cm^3 以下)。$SiHCl_3$ を 1 100°C で水素還元して，直径 100〜200 mm の棒状多結晶 Si(半導体級 Si) をつくることができる。この水素還元反応を式 (6.2) に示す。

$$SiHCl_3 + H_2 \rightarrow Si + 3HCl \tag{6.2}$$

基板用 Si 単結晶の作製法として CZ(Czochralski) 法がある。図 **6.8** に示すように，石英るつぼ内で溶融 Si から単結晶を成長させる方法であり，アルゴン (Ar) などの不活性ガス雰囲気下で行われる。Si 単結晶の成長速度は，1 mm/分程度である。不純物として n 型半導体では V 族の元素を，p 型半導体では III族元素を，るつぼ内の溶融液中に添加する。この方法でつくられた Si 単結晶は，多くの集積回路の基板に用いられている。

高純度で高抵抗率の Si の結晶をつくる方法に，浮遊帯法 (Floating–Zone 法：FZ 法) がある。図 **6.9** に示すように，上軸に多結晶を，下軸に種結晶をセットし，アルゴンなどの不活性ガス雰囲気下で，高周波コイルなどによる加熱で多結晶の先端を溶融し，これに種結晶を接して融解部をつくる。それを上方に移動させて，Si 結晶を作製する方法である。結晶の成長速度は 2～4 mm/分程度である。他のものとの接触がないので，高純度で高抵抗率の結晶が得られるのが特徴である。

6.2　薄膜形成技術

6.2.1　高品質単結晶作製法

集積回路やオプトエレクトロニクス素子などの，半導体デバイスの高性能化や高機能化に伴い，高品質の半導体薄膜を製作する方法が開発され，利用されている。

ガリウム (Ga) 砒素 (As) 集積回路は，Si よりも大きな，電子速度を生かした高速の集積回路を目指している。GaAs のバルク単結晶は，高純度の Ga と As からなる溶融液を，冷却固化して作製する。Ga と As では，薄膜形成材料としての蒸気圧が著しく異なるので，融点以上の温度に加熱して混合するのは難しく，化学量論的組成 (Ga : As = 1 : 1) の GaAs が形成されない。Ga : As = 1 : 1 の結晶を作製するには，さまざまな工夫がなされている。たとえば，Ga–$AsCl_3$–H_2 を用いた気相エピタキシャル成長で，ハロゲン化物輸送法が検討されている。Ga ソースは，800～900°C，GaAs 基板は，700～800°C に保つ。GaAs 結晶の成長反応は，以下の通りである。

$$2AsCl_3 + 3H_2 \rightarrow 1/2As_4 + 6HCl \tag{6.3}$$

$$6HCl + 6Ga \rightarrow 6GaCl + 3H_2 \tag{6.4}$$

$$2GaCl + 1/2As_4 + H_2 \rightarrow 2GaAs + 2HCl \tag{6.5}$$

まず $AsCl_3$ が水素と反応して，As と HCl になり，Ga と反応して GaCl を形成する。これに，As_4 が反応して，GaAs が基板上に成長する。成長速度は，45～60 μm/時程度である。不純物は，気体原料を反応ガス中に含めるか，固体原料の炉内において，その温度を制御する方法で添加する。

不純物濃度が基板とは，極端に変化するような薄膜を必要とする場合は，エピタキシャル成長法が薄膜形成法として用いられる。Si のエピタキシャル成長には，化学気相蒸着法 (CVD) や，MBE(Molecular Beam Epitaxy) 法が用いられる。エピタキシャル成長とは，物質を真空中で気化または蒸発させ，下地単結晶表面上に吸着し成長させると，その下地結晶の影響を受けて，成長面および軸方向が下地結晶のものと一致した単結晶状の薄膜が形成される現象のことである。

(1) MBE(Molecular Beam Epitaxy) 法

MBE 法は，超高真空内で分子線ビームを用いたエピタキシャル薄膜単結晶成長法である。たとえば，GaAs 単結晶薄膜を基板上に形成する場合，MBE 法では，超高真空中で，Ga と As を小孔のあいた分子線蒸発セルから分子線として蒸発させ，基板上に GaAs 単結晶を成長させる。きわめて薄い単結晶薄膜を，薄膜の組成を制御して成膜できるのが特徴である。薄膜の成長速度は遅いが，均質な膜になることも特徴の一つである。図 **6.10** に，MBE の結晶成長室の模式図を示す。超高真空 ($\sim 10^{-9}$Pa) の結晶成長室で，成長させる結晶の構成元素 (GaAs 結晶の場合は Ga および As) を分子ビーム状にして，原料セル (分子線蒸発セル) より蒸発させ，基板結晶面上で結晶成長させる。分子線の強度は，温度あるいは試料に照射する電子線のパワーを制御して行う。基板表面の結晶状態のモニターには，RHEED(反射高速電子線回折) といわれる回折法がよく用いられ，基板温度の最適化や，それぞれの分子線強度比の最適化を行うことができる。成長速度，膜厚のモニターには，質量分析計や水晶振動子型膜厚計などが用いられる。MBE 法は結晶成長室を超高真空するために，各種排気ポンプを備えた大掛かりな装置が必要であり，高価な装置である反面，結晶成長時にその場観察するための結晶評価装置 (前述の RHEED) を装備しているという，他の装置にはない特徴を有する。とくに，エピタキシャル膜の膜厚制御が数Å まで可能で，薄膜の組成制御の点でも優れているので，特殊な構造の半導体素子の作製に効果的に用いられる。

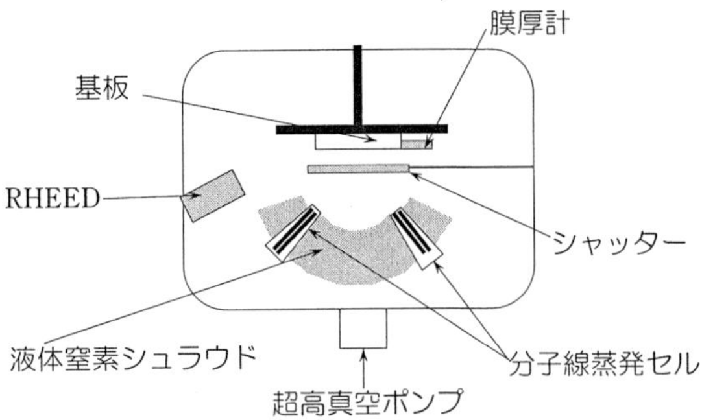

図 **6.10** MBE 装置の結晶成長室

(2) MOCVD(Metal 0rganic Chemical Vapor Deposition) 法

MOCVD 法は，III–V族やII–VI族化合物半導体の薄膜を，エピタキシャル成長させる手法として用いられている単結晶成長法である。原料ガスとして有機金属ガスを用いる点で，前述の MBE 法と異なる。MOCVD 法は，大面積での結晶成長が可能で，量産性にも優れているので，大規模な結晶成長を必要とする生産ラインに用いられている。GaAs 単結晶薄膜を MOCVD 法により形成する場合，Ga ソースとして，トリメチルガリウム ($(CH_3)_3Ga$) やトリエチルガリウム ($(C_2H_5)_3Ga$) を，As ソースとしてアルシン (AsH_3) を用いる。有機金属は，室温でも適当な蒸気圧をもつ液体で，加熱により分解して気体状態となり，薄膜の合成ができる。成長速度は，原料の供給量で決り，不純物を添加しない場合，$10^{14}\,cm^{-3}$ 程度のキャリア密度となる。成長速度は，たとえば，600～780°C で 18～36 μm/h 程度である。表面状態も良好で，析出物や転位などの欠陥も発生しない。原料の供給比 [$(CH_3)_3Ga/AsH_3$ の比] でキャリア密度が変化する。図 **6.11** は，GaAs 基板上に GaAs，および AlGaAs 結晶の MOCVD 装置の模式図である。III族原料ガスとしてトリメチルガリウム (TMG)，トリエチルアルミニウム (TEA) が用いられ，V族原料ガスとしてアルシン (AsH_3) が用いられている。これら原料ガスと不純物ドーパント用のガスが，キャリアガス H_2 によって反応管まで運ばれ，GaAs 基板上にてエピタキシャル結晶成長が行われる。

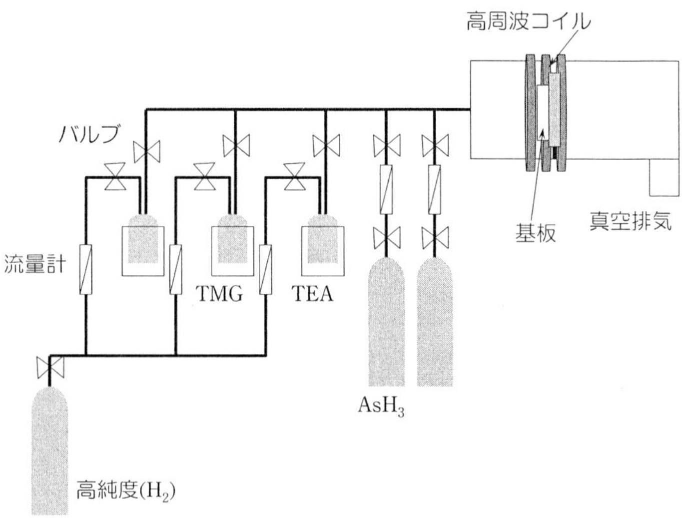

図 **6.11** MOCVD 装置図

6.2.2　薄膜形成法

半導体薄膜の形成には，**6.1.1** で述べたような，MBE，MOCVD といった気相反応による薄膜形成法が用いられている。このほかにも，半導体デバイスに関連した周辺部材においては，種々の気相反応による薄膜作製法が用いられている。一般に，気相反応による薄膜形成法は物理気相蒸着法 (Physical Vapor Deposition) と化学気相蒸着法 (Chemical Vapor Deposition) に大別される。前者には，真空蒸着法，スパッタリング法，イオンプレーティング法などがあり，後者には，熱 CVD 法，光 CVD 法，プラズマ CVD などがある。

（1）真空蒸着

真空蒸着装置の基本的な構成は，装置本体の真空容器の中に蒸発源，シッター，基板が備え付けられており，真空容器の真空度を保つために，真空ポンプと接続している。この中で，とくに蒸発源の加熱方法について，いくつかのタイプがあり特徴がある。

蒸発源の加熱方式は，抵抗加熱法，電子線加熱法，高周波誘導加熱法を用いるのが一般的であるが，このほか，レーザ光による加熱方法を採用しているものもある。ここでは，抵抗加熱法，電子線加熱法，高周波誘導加熱法について簡単に説明する。

抵抗加熱法　抵抗加熱法は装置が簡単で比較的安価であるため，現在，もっとも一般的に用いられている方法である。この方法には，蒸発源の加熱にタンタル (Ta)，モリブデン (Mo)，タングステン (W) 等の高融点金属をコイル状，あるい，はボート状に成形して使用する。これら高融点金属の成形体に電流を流して蒸発材料を加熱する直接加熱方式と，高融点金属に，アルミナやベリリアな

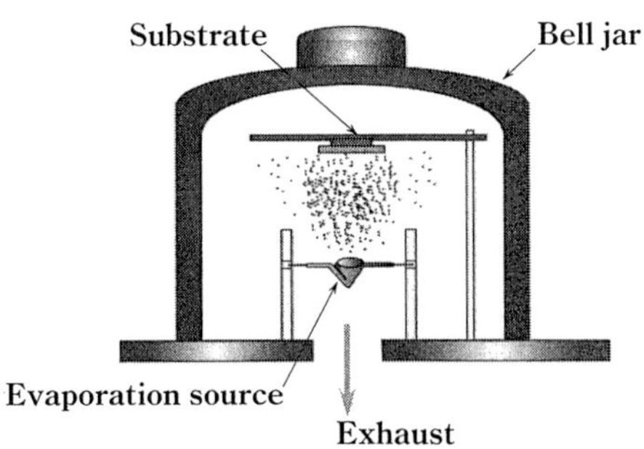

図 **6.12**　抵抗加熱真空蒸着装置

どの高融点酸化物でコートしたるつぼを用いて加熱する方法がある。図 **6.12** に抵抗加熱による真空蒸着装置の模式図を示した。蒸発源が溶融あるいは昇華する温度まで加熱できること，このとき，るつぼやボートなどが溶融しないことなどが必要である。

電子線 (EB) 蒸着法　EB 蒸着法は，目的とする蒸発材料に電子線を照射して加熱蒸発させる方法であり，この特徴は，電子線を走査することで蒸発源を局所的に高温加熱できること，高純度の薄膜形成が可能なこと，高融点金属材料にも適用できること，などである。EB 蒸着装置は，抵抗加熱蒸着装置よりも高価であるが，イオンプレーティング装置などにも応用されており，普及している。EB 加熱装置の基本構成は，熱電子発生用の W フィラメント，電子加速電極，電子線集束電極および陽極 (蒸発源) である。

高周波誘導加熱法　高周波誘導による渦電流損とヒステリシス損によって，蒸発材料を加熱し，蒸着する方法である。蒸発源は，通常水冷された高周波コイルと，グラファイトやセラミックスなどのるつぼからなっている。この方法は，加熱用コイルと蒸発材料が直接接触せずに蒸発材料だけを加熱できるため，蒸発源からの汚染を防止できる，という特徴がある。

真空蒸着の素過程は，①加熱による蒸発→②蒸発分子の残留ガス中での飛行→③基板表面上への堆積，である。

蒸発源内部ではほぼ熱平衡状態が実現されているので，平衡蒸気圧 p[Torr] は，そのときの温度 T[K] と，近似的に次のような関係にあることが知られている。

$$\log p = A - \frac{B}{T} \qquad (\text{ただし，} A,\ B \text{ は定数}) \tag{6.6}$$

(2) イオンプレーティング法

イオンプレーティング法は，真空蒸着とプラズマの複合技術であり，真空蒸着膜の付着強度を高めることを目的として，蒸発粒子をイオン化または励起粒子として活性化して蒸着する技術である。図 **6.13** に装置の模式図を示す。イオンプレーティングによるコーティング膜も，単に金属膜だけでなく，化合物膜，機能性膜，有機膜や積層膜および複合膜等，目的に応じて多様化してきている。反応ガスのプラズマを利用して蒸着粒子と結合させ，化合物膜を合成する反応性イオンプレーティングが有効である。イオンプレーティング効果を高めるには，基板に到達した蒸発原子のうち，イオン化された原子の割合 (イオン化率) を高めることが必要である。イオンプレーティング装置の特徴は，プラズマ発生装置と蒸発源を兼ね備えていることであり，放電を起す手段から，直流励起型と高周波励起

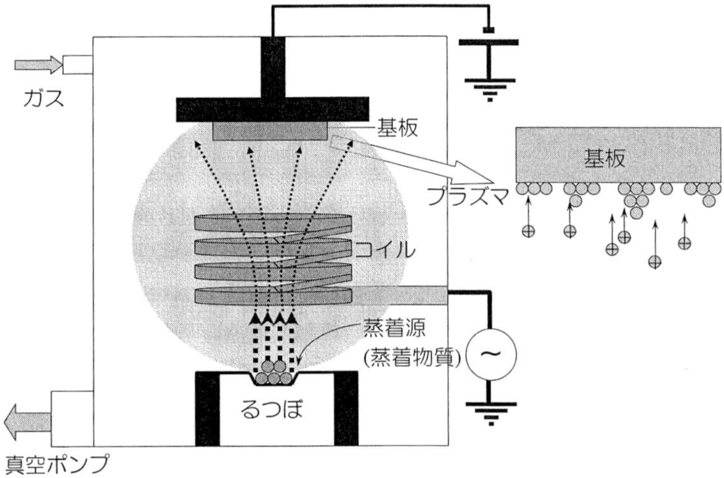

図 6.13　イオンプレーティング装置

型に大別されるが，そのほかに，ホローカソード (中空陰極放電電子銃)，イオンビームを用いる装置もある。ホローカソードとは，陰極内に不活性ガスを流し高周波をかけると陰極内部のガスは電離され，中性ガス分子，電子および正イオンからなる高温の低圧ガスプラズマを発生する。このプラズマ内のイオンは，中空陰極内部で衝撃し，温度を約 2 000°C に上昇させ，中空陰極近傍の電子密度は急速に増加する。この中空陰極を電子銃として用いると，低電圧大電流の電子ビームの発生が可能になる。電子ビームは，蒸発源との電位差によって加速され，蒸発源に衝突，加熱，蒸発と同時にイオン化させる。

酸素，窒素，アンモニア，アセチレン，メタン等のガスを，低温プラズマ中で金属等の材料を蒸発させることにより酸化物，窒化物，炭化物等の化合物薄膜を形成することを反応性イオンプレーティングという。一般の CVD よりも，かなり低い温度で反応が進行する特徴がある。通常の化学反応は，温度上昇により物質の活性が増えて化合物が生成されるのに対し，イオンプレーティングのような低温プラズマでは，化合物の結合が切れて分解する反応が先行し，つぎに衝突による結合が起る。すなわち，分解・結合という過程が繰り返され，化合物の生成が起る。生成された化合物も，おおむね励起状態で準安定化合物の場合が多い。

酸化膜　金属酸化膜は，反応性イオンプレーティング法により容易に作製されている化合物薄膜である。酸素を含むガスプラズマ中で蒸着される。基板加熱を行わなくとも，プラズマ中での反応により十分酸化されるので，透明性，密着性において，他の真空蒸着法やスパッタリング法によるものよりも優れている。酸化膜は，主として光学系電子部品材料に利用される場合が多く，In_2O_3，TiO_2，Al_2O_3，SiO_2，ZnO 等の金属酸化物の成膜が可能であり，優れた特性を示している。

炭化膜　金属炭化膜は，アセチレン (C_2H_2) やメタン (CH_4) などの，低分子量の炭化水素ガスを用いたプラズマ中で蒸着される。アセチレンは，化学的に活性なため，炭素 (C) の析出が激しく，基板との密着性が低いとされているが，メタンの場合にはこうした問題がないといわれている。炭化膜は，一般に，硬質で耐熱性に優れているため，硬質工具などに利用されているほか，TiC，SiC などは電子部品としても利用されている。

反応性イオンプレーティングによる成膜の反応例を示すと，たとえば，アセチレンを用いてチタン (Ti) の炭化膜 (TiC) を成膜するときの反応過程は，

$$2Ti + C_2H_2 \rightarrow 2TiC + H_2 \qquad (6.7)$$

といわれている。

窒化膜　金属窒化物薄膜は，窒素 (N_2) やアンモニア (NH_3) ガスを用いたプラズマ中で蒸着される。チタン (Ti) やタンタル (Ta) などの窒化膜 TiN，TaN は硬質で強靭であり，耐熱性や安定性にも優れることから，工具の硬質処理や電子部品材料などにも応用されている。TiC，TiN は，切削工具の寿命を伸ばす目的で，工具の表面コーティング膜として用いられている。切削時の高温においても硬度が劣らず，摩擦係数も小さく，被削材との溶着も起り難く，高温における切削油や潤滑油による腐食も少ないのが特徴とされている。さらに，TiN，TaN は金色を呈していることから，装飾等の分野でも応用されている。

光学関係では従来から酸化膜を主体とした誘電体膜が多く，たとえば，酸化ケイ素 (SiO，SiO_2)，酸化チタン (TiO，TiO_2) やフッ化マグネシウム (MgF_2) などがある。さらに，酸化インジウムやインジウム–スズ酸化物 (ITO) といった透明酸化物材料は，導電性を有していることから透明導電膜としての用途も多い。

(3) スパッタリング法

スパッタリングとは，固体表面に高エネルギーの粒子が衝突し，その固体表面から原子・分子が空間へ放出される現象である。このスパッタされた原子・分子の体積による薄膜作成法を，スパッタリング法 (スパッタ法) という。スパッタリングの起る固体表面を形成している物質は，高エネルギー粒子が衝突する標的とな

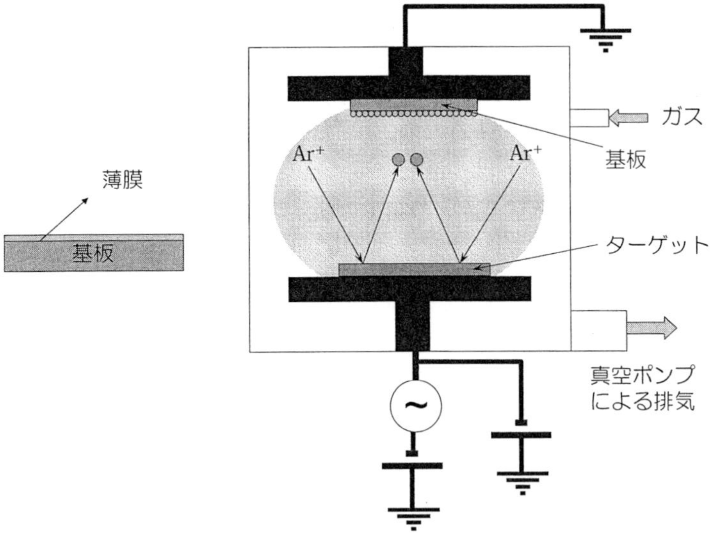

図 **6.14** スパッタリング装置

るので，ターゲットという。スパッタリング法は，現在，半導体工業を中心としたマイクロエレクトロニクス分野の生産工程でよく用いられる手法である。図 **6.14** に基本的なスパッタリング装置の構成を示した。スパッタリングの操作の手順は，真空容器内に不活性ガス (Ar ガスが一般的) を導入し，圧力を $1\sim100\times10^{-3}$Torr になるように調整する。ターゲットと電極間に電圧を印加すると，グロー放電が起り，ターゲット表面から，原子またはイオンの形態でプラズマ中に放出される。この放出された原子や分子は，対向して設置された基板に到達し，その表面で薄膜を形成する。ターゲット材料は，高融点の材料なども可能で，ほとんどすべての無機材料をスパッタリングにより薄膜化できる。ただし，ターゲット材料には，ある程度の耐熱性が必要である。また，ターゲット材料の形状も粒状，粉体などでもターゲットとして使用できる。スパッタリング薄膜の付着強度については，一般に，真空蒸着膜に比べて非常に強いことが知られている。これについては，基板への入射エネルギーが真空蒸着に比べて 1～2 桁大きいことや，基板面が常にプラズマに曝されているので，表面の活性化やクリーニングが行われているなどの理由があげられる。

高分子材料などをターゲットとして用いる場合，直流によるスパッタリング法では，衝突したイオンによりターゲット表面が帯電し，イオンがターゲットに衝突できなくなる。高周波などの交流電圧を印加すれば，ターゲットの帯電は打ち消され，電位上昇を防げるためにスパッタリングが可能となる。電源としては通常，13.56 MHz の高周波電源を用いる。また，高周波スパタリングは直流に比べて 1～2 桁低いガス圧で持続するため，10^{-2}～10^{-3}Torr でスパッタリングが可能である。

スパッタリング法は衝撃イオンの発生方法，印加電源の周波数，電極の構造などにより種々の方法がある。

二極直流スパッタリングと二極高周波スパッタリング　もっとも基本的なスパッタリング装置であり，図 **6.14** に示すように，真空槽内に導入したアルゴンなどのガスをイオン化し，スパッタリングを行う。アルゴンの代りに，あるいはアルゴンに酸素や窒素などを添加することで，前述の反応性イオンプレーティングと同様に化合物薄膜の成膜も可能である。直流スパッタリングでは，不可能な絶縁材料のスパッタリングも高周波スパッタリングでは可能である。

マグネトロンスパッタリング法　放電空間中に磁界を印加してスパッタガスのイオンをターゲット近傍に閉じ込め，イオンの生成効率を向上させたスパッタリン方法である (図 **6.15**)。放電ガスの圧力を低くでき，スパッタ粒子の基板への到達率が増加するので，薄膜の形成速度を高めることができることが特徴である。

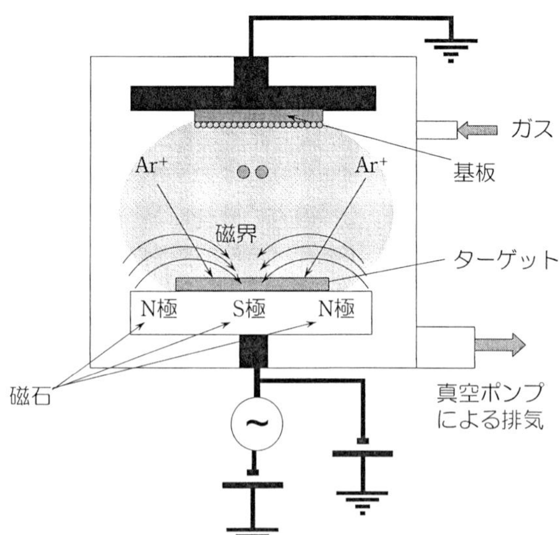

図 **6.15**　マグネトロンスパッタリング装置

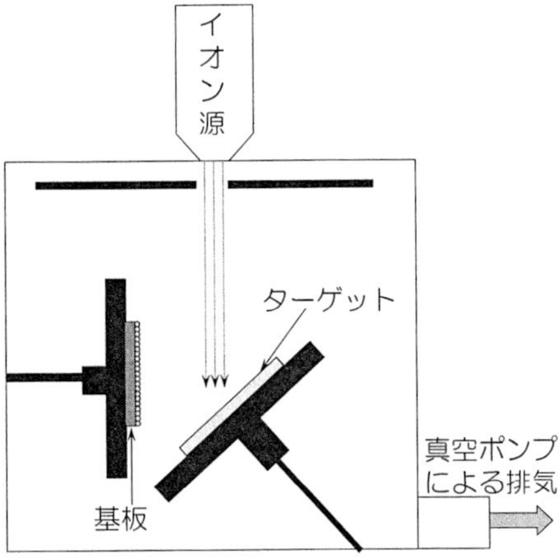

図 **6.16**　イオンビームスパッタリング装置

イオンビームスパッタリング法　独立したイオン源 (イオンソース) から薄膜形成を行う容器内 (高真空) に，ビーム状のイオンを引き出してスパッタリングを行う手法である。図 **6.16** にその基本構成を示した。プラズマ法に比べて成膜速度は低いものの，薄膜形成容器内の圧力を 2 桁程度も低く維持できるため，薄膜中への不純物の混入を抑えることができる，プラズマの照射による基板加熱がないため基板温度がほとんど上昇しない，ターゲットや基板を直接グロー放電のプラズマに曝す必要がないため，膜面の損傷がきわめて少ない，などの特長がある。しかし，大量生産には不向きの方法である。

スパッタリングにおいて，薄膜の成長速度 (成膜速度) は，ターゲット材料のスパッタ率に影響される。

ある物質のターゲット面に外部から N_1 個のイオンが衝突して，その面から，N_2 個の原子または分子がスパッタリングされて飛び出すとき，

$$S = \frac{N_2}{N_1} \tag{6.8}$$

で表される S をその物質のスパッタ率という。つまり，S は，入射イオン 1 個あたりで放出されるターゲット原子，あるいは分子の個数である。各元素の S を調べると，原子数に対して周期的に変化しており，ターゲットの d 殻電子が満たされるにつれて大きくなり，Cu，Ag，Au という Ib 族の 1 価金属でピークを示すことがわかっている。

スパッタリングされた粒子は，入射イオンエネルギーが数百 eV 程度であれば，中性単原子である。これらの中性スパッタ原子は，放電プラズマ空間で一部イオン化するが，そのイオン化率は全体の 1～10％程度である。入射イオンエネルギーを大きくすると，スパッタ粒子を構成する原子数が増大する。たとえば，化合物をターゲットに使用する場合，入射イオンエネルギーが数百 eV 以下では，スパッタ粒子は化合物の構成原子からなるのに対し，入射イオンエネルギーが 10 keV 以上の高エネルギーになると，化合物が分子状でスパッタされる。スパッタ粒子のエネルギーが数百 eV であれば，スパッタ原子の平均エネルギーは 10～30 eV となり，真空蒸発原子の百倍以上の平均エネルギーであるとされている。

(4) プラズマ CVD 法

先にも述べたように，化学気相蒸着法には，熱 CVD 法，光 CVD 法，プラズマ CVD などがあるが，ここでは，前述のイオンプレーティングやスパッタリングなどと同じプラズマプロセスで薄膜形成を行う，プラズマ CVD について述べる。プラズマ CVD は，薄膜の構成元素を含むガスの反応により，薄膜を作製する方法である。反応ガスに高周波電界を印加し，放電により生じた活性な反応種により薄膜を作製する方法で，反応に必要なエネルギーの一部を電気的エネルギーとして供給することにより，薄膜形成温度の低温化が図れるというのが最大の特徴である。たとえば，SiH_4 と NH_3 を原料としてシリコン窒化膜を作製する際，熱 CVD では，700°C 以上の温度が必要であるのに対し，プラズマ CVD では，300°C 以下でよい。プラズマの利用により，熱的には起り得ないような反応も可能である。プラズマ CVD は，高周波の供給法，周波数により分類される。高周波の供給法として，容器のまわりにコイルを巻きつけた誘導結合法と，容器内部に平行電極を設ける容量結合法とがある。前者の場合，電極からの汚染が少ないが，得られる薄膜の膜厚分布が悪い。これに比べて後者の場合，大面積への対応が容易であるため，現在では，一般的な方法となっている。図 **6.17** には，平行平板電極を備えたプラズマ CVD 装置の模式図を示す。原料ガスを上部シャワー電極から導入し，プラズマを発生させて成膜を行う。たとえば，テトラエトキシシランを図 **6.17** のような装置内に導入すると，図 **6.18** に示すような，シリコン酸化膜 (SiO_2 膜) の成膜ができる。プラズマの発生には 13.56 MHz の高周波電界の印加によるグロー放電を用いる場合が多いが，2.45 GHz のマイクロ波放電を用いるマイクロ波プラズマ CVD 法もある。マイクロ波放電域に磁場を印加して，電子のサイクロトロン共鳴を起こさせる条件に設定すると，電子温度は数～数十 keV，電離度は数十％と，グロー放電に比べて非常に大きくなる。磁場を印加し

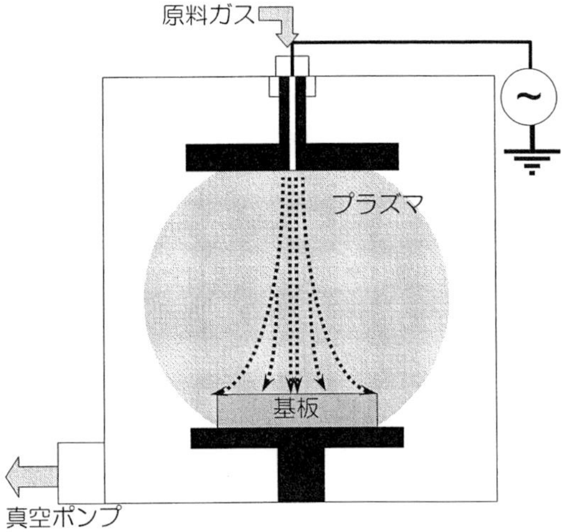

図 **6.17** プラズマ CVD 装置

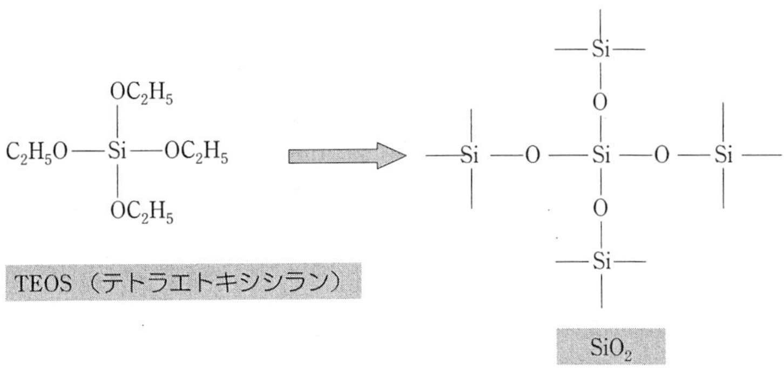

図 **6.18** CVD 法による SiO_2 薄膜の形成

た放電領域から基板を分離設置したマイクロ波プラズマ CVD を ECR プラズマ CVD 法といい，基板損傷の少ない薄膜作成法として注目されている。

6.3　微細加工技術

電子デバイスの高密度集積化は，大容量情報処理機能の向上，高速化，コスト低減や信頼性の向上などをもたらすとされており，この高密度集積化の進展を支える基盤技術の一つが微細加工技術である。64 M では，0.3〜0.4 μm，1 G では，

0.1～0.2 μm の精密加工技術が必要とされている。0.1 μm 以下では量子効果が顕著になり，これを利用した量子効果デバイスや，極限のデバイスとして原子や分子の機能を利用したデバイスも検討されている。

ここでは，一般的に用いられている電子デバイスの精密加工技術について述べる。

6.3.1　リソグラフィ技術

シリコンウエハに微細な回路パターンを焼き付ける技術を，リソグラフィという。超微細パターン描画のためのリソグラフィ技術には，遠紫外線，X 線，電子線，イオンなどを用いた露光技術がある。

一般に，分解能 R と焦点深度 δ は，

$$R = 0.6\frac{\lambda}{NA} \tag{6.9}$$

$$\delta = \frac{\lambda}{2(NA)^2} \tag{6.10}$$

という関係がある。ここで，NA は開口数，λ は波長である。解像度を向上させるためには，開口数 NA の大きなレンズと遠紫外線などの短波長光域を用いて露光すればよいが，NA を大きくすると，焦点深度が浅くなる。超 LSI では，表面に 1 μm 程度の凹凸があるために，適当な開口数で短波長光源を用いる必要があり，エキシマレーザ (KrF エキシマレーザ：248 nm，ArF エキシマレーザ：193 nm) などが利用されている。

X 線リソグラフィは，研究段階で，数十 nm のパターンまで描画できるものの，強力な X 線源が必要である。

電子ビーム露光は，電子ビームを走査することにより，任意のパターンを直接描画できる (つまりマスクが不要である)。ナノメートルスケールの描画が可能であるが，描画速度が遅いというデメリットもある。

6.3.2　レーザ加工技術

レーザ (LASER) とは以下に示す特性の光を増幅して取り出すことである。

レーザの特性は，

- 単色性に優れている：種々の光が混ざっていなく，純粋な一つの色 (波長，周波数) の光であること，
- 指向性に優れている：光はほとんど広がらずに進むこと，
- 干渉性に優れている：光の位相が揃っており干渉性が良いこと，

● 高出力である：非常に大きなパワー密度が得られること，

があげられる。レーザには，ガス，固体，液体，半導体を媒質にしたレーザがあり，ガスレーザには，He–Ne レーザ，Ar レーザ，CO_2 レーザ，エキシマレーザ，窒素レーザなどがある。固体レーザには，YAG レーザ，ルビーレーザ，ガラスレーザなどがあり，液体レーザには色素レーザ，さらには半導体レーザなどがある。主なレーザの波長と加工に用いた場合の用途を，図 **6.19** に示す。これらレーザの用途はレーザの波長や出力などにより異なり，加工のみならず，計測や測量などの分野で広く応用されている。

レーザ加工は，主に，“高出力”というレーザの特性を生かした応用分野の一つである。レーザ加工を行うためには，大きな出力を安定して得ることのできるレーザ発振器が必要で，このようなレーザとしては，固体レーザでは，YAG，ルビー，気体レーザでは CO_2，Ar(アルゴン)，エキシマレーザなどがある。このうち，CO_2 レーザは連続発振，パルス発振とも可能であり，また，発振効率が高いことから，もっとも広く応用されているレーザの一つである。また，YAG レーザはパルス発振において，高いピーク出力が得られることや，光ファイバを使えることなどから，広く用いられている。図 **6.19** に示すように，これら CO_2 レーザや YAG レーザは金属溶接などの分野での応用がなされている。また，エキシマレーザは，高エネルギーの紫外線光が取り出せるので，レーザ加工において，もっとも注目されているレーザの一つである。このほか，加工用レーザとして，CO レーザやヨウ素レーザなどが開発されているが，現在使用されている加工用レーザの主流

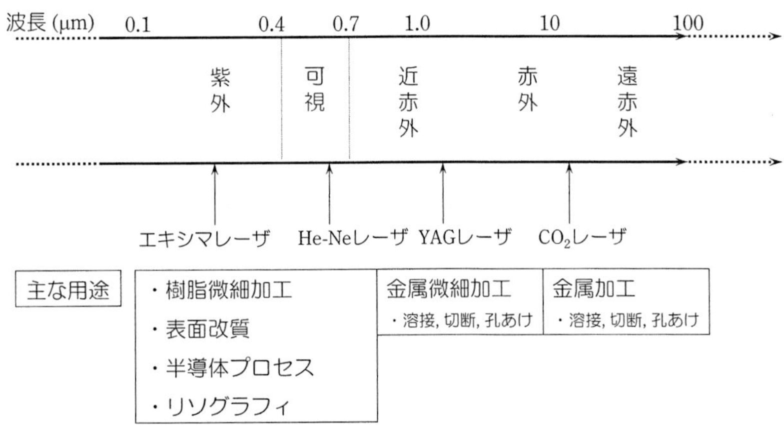

図 **6.19**　レーザの波長

は，CO_2 レーザと YAG レーザである。

6.3.3　エッチング技術

エッチングは，リソグラフィとともに微細加工に必要かつ重要な技術である。エッチングとは，基板表面を均一で鏡面になるように除去する，あるいは，基板表面に形成されているマスク以外の部分を削り取ることである。半導体などの電子デバイスにおいて，エッチングには，エッチング速度，エッチング速度における異種材料間の選択性，加工形状の制御，下地基板の低損傷性 (ダメージのない)，面内均一性が要求されている。エッチングは，化学薬品などの溶液を利用した湿式 (ウエット) 法と，レーザやガスプラズマ等を利用した乾式 (ドライ) 法に大別される。

図 **6.20**　エッチング加工形状

このうち，加工形状については，いくつかのパターンに分類される。図 **6.20**(a) に示すように，マスクの下にアンダーカットが生じ，エッチングは等方的に進むパターンと，図 **6.20**(b) に示すように，垂直方向にのみ異方的にエッチングが進むパターンに大別される。ただし，(a) と (b) の中間的にエッチングが進むパターン，すなわち，アンダーカットを生じながらも垂直方向にエッチングが進むパターンや，垂直方向にエッチングが進むが，基板の結晶面が現れるというパターンもある。VLSI 素子では，集積度を上げるために，(b) のような加工形状，すなわち，高アスペクト比 (深さ/幅) のトレンチ構造の形状が必要である。Si 基板は，フッ酸 (HF)・硝酸 (HNO_3) 系の溶液中でエッチングする湿式法があるが，湿式法は，一般的に (a) のような等方的な加工形状になる。しかし，プラズマ中のイオン衝撃を利用した乾式法では，(b) のような異方的加工形状にすることが可能で，種々のドライエッチング技術が開発されている。また，環境問題が大きくクローズアップされている今日，環境にやさしいエッチングプロセスが要求されており，環境面においても，有害な廃液などがほとんど発生しないドライエッチングプロセスが注目されている。

(1) ドライエッチングの特性

ドライエッチングは，ガスを用いて材料をエッチングする技術であり，ほとんどの場合に，低温プラズマの形態でガスを使用する。プラズマとは，一般に，電離した気体，すなわち，イオンと電子にわかれた荷電粒子を含む気体をいう。ドライエッチングに用いられるプラズマは，図 **6.21** に示すように，真空容器内にガスを導入し，ここに電圧をかけると，導入したガスのプラズマが生成する。このプラズマ中には電子，イオンのほか，中性活性種であるガスの励起分子やラジカルが存在する。プラズマを利用したドライエッチングでは，これらのイオン衝撃や中性活性種による化学反応を利用してエッチング反応が進む。

たとえば，中真空域のガス放電で生成した低温プラズマでは，ガス温度は室温より若干高い程度であるが，電子温度は 10 000°C をこえる。ガス分子はこの高エネルギー電子と衝突して電離，励起および解離し，イオンや中性活性種 (励起分子，ラジカル) になる。これらの反応種の組み合せによって，3 種類のエッチングに分けることができる。

中性活性種によるエッチング　化学反応が被エッチング表面で起り，生成物は排気される。エッチング特性は，図 **6.20**(a) に示すような等方的加工形状になるが，異種材料間の選択性は高い。つまり，マスクはエッチングされ難く，基板材料のみエッチングすることが可能である。

不活性ガスイオンによるエッチング　Ar^+ イオンのような，不活性ガスイオンの

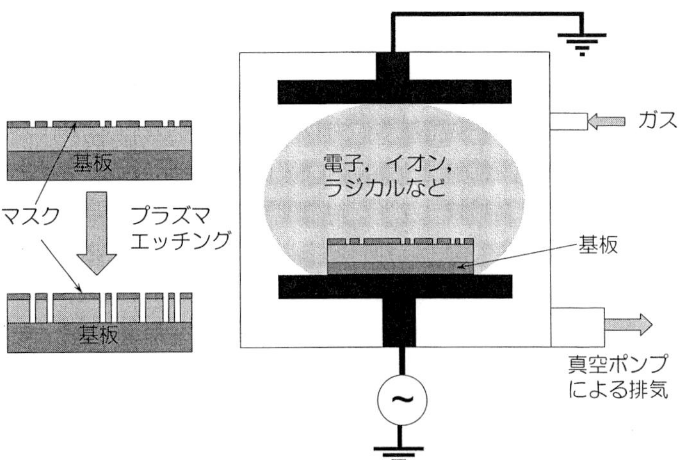

図 **6.21**　プラズマエッチング

イオン衝撃 (スパッタリング) を利用するもので，図 **6.20**(b) に示すように加工形状は異方性であるが，異種材料間の選択性が少ない。

中性活性種と反応性ガスイオン (あるいは不活性ガスイオン) によるエッチング
中性活性種と不活性ガスイオン (あるいは反応性ガスイオン) の相乗効果によりエッチング反応を進めるもので，エッチングが進むと図 **6.22** に示すように，側壁は有機膜 (保護膜) で覆われるので，側面方向の化学反応が抑制される。ただし，底面 (エッチング面) には保護膜は形成されない。側壁保護膜の形成は反応性ガス (あるいは不活性ガス) や被エッチング材料，エッチング条件で変るものの，異方性と選択性を両立させる技術である。

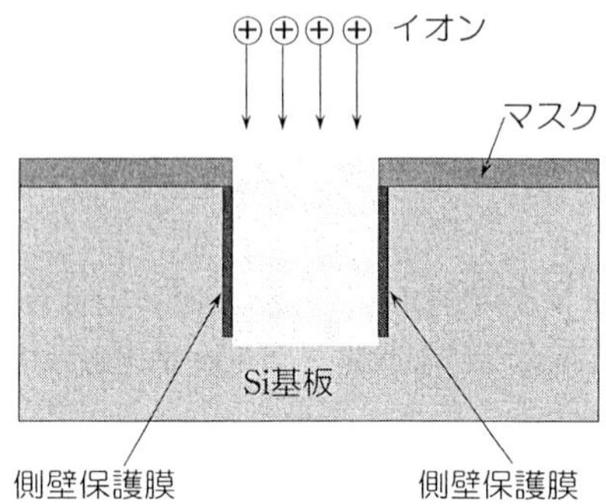

図 **6.22**　プラズマエッチングによる側壁保護膜の形成効果

(2) 装置の種類

前述のガス以外にも，エッチング特性に影響を与える因子に，装置の特性がある。とくに，プラズマを生成させる電源，電極，装置形状など種々の装置がある。電源は，プラズマを生成させる電源の出力以外に，電源の周波数がエッチング特性に及ぼす影響は大きい。電源は，直流，交流に大別されるが，プラズマエッチングでは交流，とくに，高周波～マイクロ波領域の周波数の高周波電源を，1 つあるいはいくつか組み合せて使用されている。ここでは，代表的なプラズマエッチング装置について述べることとする。

プラズマエッチング装置は，プラズマの化学反応を利用したドライエッチング装置である。基板に電圧を印加しないタイプのエッチング装置は，主として，中性活性種の作用でエッチングが進行するものである。図 **6.23** に，代表的なエッチング装置の概念図を示した。図 **6.23**(a) は，バレル型エッチング装置といわれているもので，円筒型エッチング室の外周に電極を設置し，エッチング室内のプ

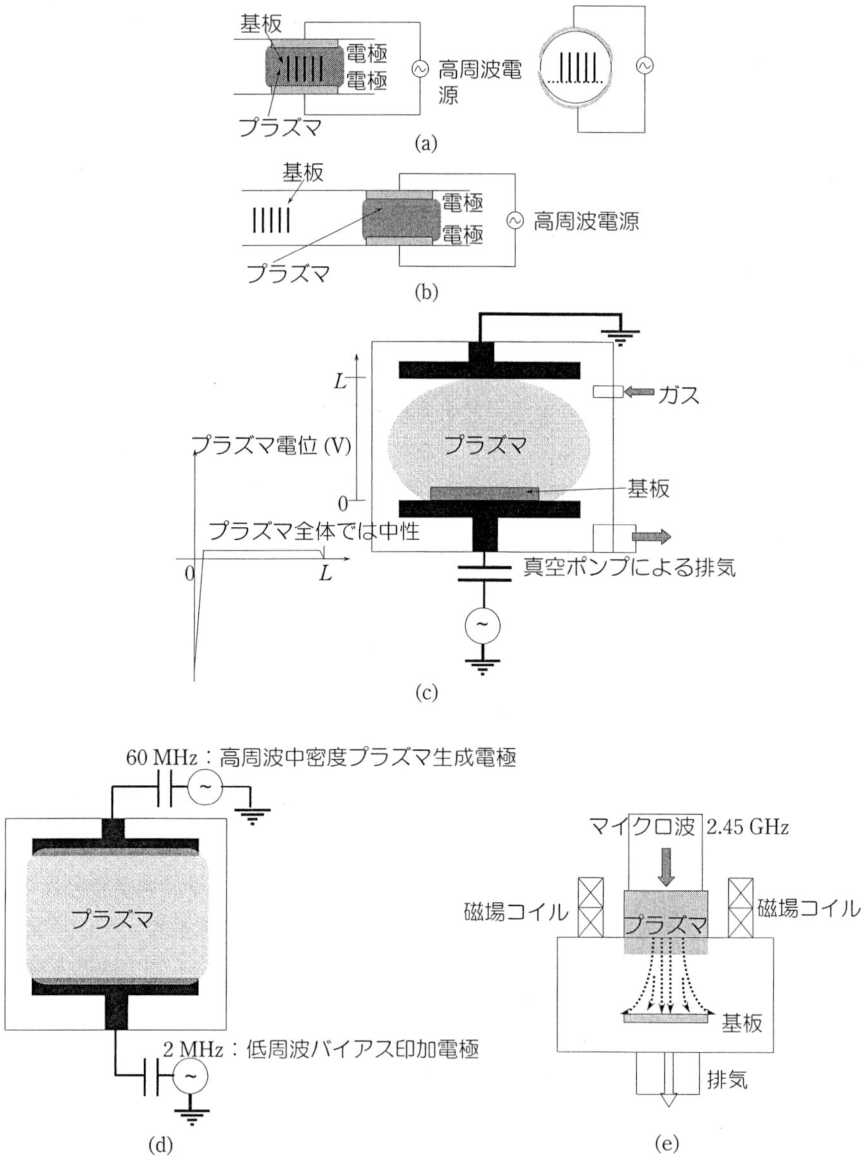
基板
電極
電極
高周波電源
プラズマ
(a)
基板
電極
電極
高周波電源
プラズマ
(b)
L
ガス
プラズマ電位 (V)
プラズマ
基板
0
プラズマ全体では中性
0
L
真空ポンプによる排気
(c)
60 MHz：高周波中密度プラズマ生成電極
プラズマ
2 MHz：低周波バイアス印加電極
(d)
マイクロ波 2.45 GHz
磁場コイル
プラズマ
磁場コイル
基板
排気
(e)

図 **6.23**　プラズマエッチング装置

ラズマにより生成した中性活性種を用いて，Si 基板をエッチングする装置である。このSi 基板は，金属製トンネル内に電気的にフロートした状態である。このタイプの装置は，もっとも早い時期に IC 製造ラインに導入され，現在も，バッチ式アッシャーとして用いられている。図 **6.23**(b) は，プラズマ発生室とエッチング室を分離し，中性活性種を輸送して Si 基板をエッチングする装置である。励起分子，ラジカルといった，中性活性種はイオンよりも寿命が長いという特性を利用したもので，この方法は，基板に与えるダメージ (プラズマ損傷) の少ない方法である。

反応性イオンエッチング (RIE) RIE 装置は，反応性ガスプラズマを利用したドライエッチング装置である。図 **6.23**(c) に示すように，基板をエッチング室内に設置した電極上に置いてエッチングする装置である。基板は，中性活性種と反応性ガスイオンの相乗効果でエッチングされる。図 **6.23**(c) には，電極間ポテンシャル分布を示した。(c) に示すように，基板を高周波電極上に設置する場合を，陰極結合 (カソードカップリング) という。これに対して，設置電極上に基板を設置する場合を，陽極結合 (アノードカップリング) という。プラズマ中のイオンは，前者では Vdc(セルフバイアス) で加速され，後者では Vp(プラズマ電位) で加速される。図 **6.23**(d) に示すように，上部電極に高周波を印加してプラズマを発生させ，下部電極に印加した低周波電圧によりイオンを加速する 2 周波型プラズマエッチング装置もあり，よく利用されている。

プラズマの生成に電子サイクロトロン共鳴 (ECR) 放電を利用する，磁場マイクロ波励起プラズマエッチング装置がある (図 **6.23**(e)。ECR は，2.45 GHz のマイクロ波によって発生したプラズマ中の円運動を，磁気コイルで制御して共鳴を起こさせる現象で，2.45 GHz に対しては，磁束密度 875 Gauss が共鳴条件となる。ECR プラズマの特徴として，電極がない，圧力が低い領域でも放電が可能，周波数が高いのでイオンが動けない (イオン衝撃が少ない)，基板バイアスは投入電力とは無関係 (入射エネルギーの独立制御が可能)，ガスのイオン化率が高い，等の特長がある。

6.4 ディスプレイへの応用

今日の情報化社会を支える電子情報産業において，電子機器，電子部品の小型化，高機能化が進んでいる。情報産業の進展により，ディスプレイ技術も急速に

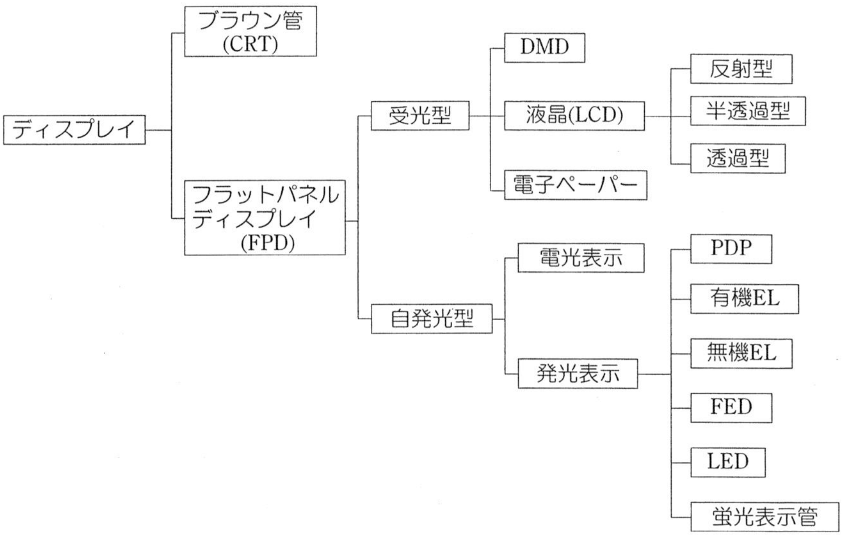

図 **6.24**　ディスプレイの分類

進歩している。ディスプレイは文字や図形を表示する装置で，モニターともいわれている。陰極線管を利用した，テレビと同じ原理のブラウン管 (CRT) ディスプレイが安価でもっとも普及しているものの，設置面積が小さく消費電力の少ない液晶ディスプレイや，ガス放電を利用したプラズマディスプレイなども普及している。図 **6.24** に示すように，ディスプレイは CRT の FDP に大別され，現在急速に普及している FDP は受光型と自発光型にわかれる。ここでは，受光型ディスプレイの代表として液晶，自発光型ディスプレイの代表として有機 EL について述べることとする。

6.4.1　液　　晶

液体の流動性と固体 (結晶) の光学的性質を合せもつものを液晶といい，これを表示素子として応用したものを，液晶ディスプレイという。液晶表示デバイスは，電界や熱などにより液晶の配列を変化させ，これに伴う光学的性質の変化 (複屈折性，旋光性，散乱など) を利用するもので，光を入射する光源が必要となる。液晶自体は発光しないので，明るいところでは反射光を，暗いところでは背後に設置した蛍光燈 (バックライト) の光により表示を行う。

液晶分子の凝集状態によりネマチック液晶，コレステリック液晶，スメクチック液晶，ディスコチック液晶に分類されている。このうち，液晶ディスプレイに用いられているのは，ネマチック液晶である。図 **6.25** に示すように，ネマチック液晶は細長い分子構造で，平均的にみると一方向に配向している。液晶を利用した表示装置では，2 枚のガラス板の間に液晶状態の物質を封入し，電圧をかけることによって液晶分子の向きを変え，光学的性質の変化 (複屈折性，旋光性，散乱，透過率など) させることで像を表示する。動的散乱 (DS) 効果，ゲスト・ホスト (GH) 効果，ねじれネマチック (TN) 効果，の 3 つが液晶の動作原理の代表的なものである。

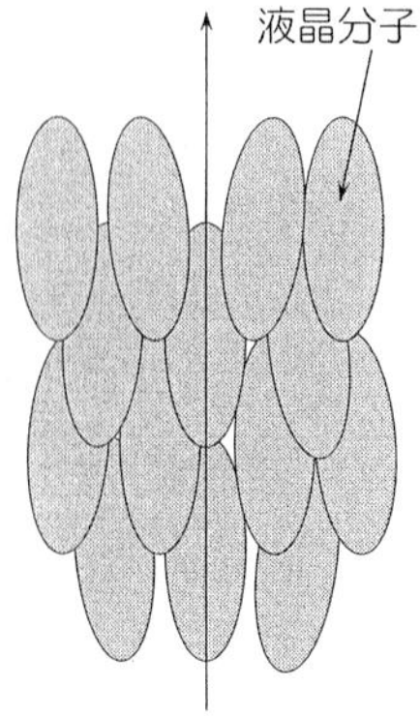

図 **6.25**　ネマチック液晶の配向性

DS 効果は，図 **6.26** に示すように，電極の ON–OFF で散乱光が変化する性質を表示に利用したものである。

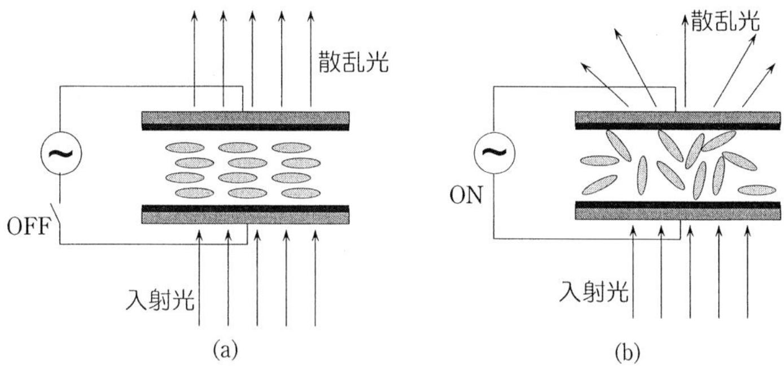

図 **6.26**　動的散乱効果

GH 効果は，液晶にアゾ系，メチン系，メロシアニン系，アントラキノン系などの色素を添加したもので，これら色素は，分子軸に平行方向と直角方向で光の吸収率が異なるため，液晶配列の変化によって透過光の色が変る性質を利用したものである。

TN 効果は，図 **6.27** に示すように，ガラス基板を設置し，中に液晶素子を挿入すると，図 **6.27**(a) に示すように液晶素子は徐々に配向を変え，全体として電極

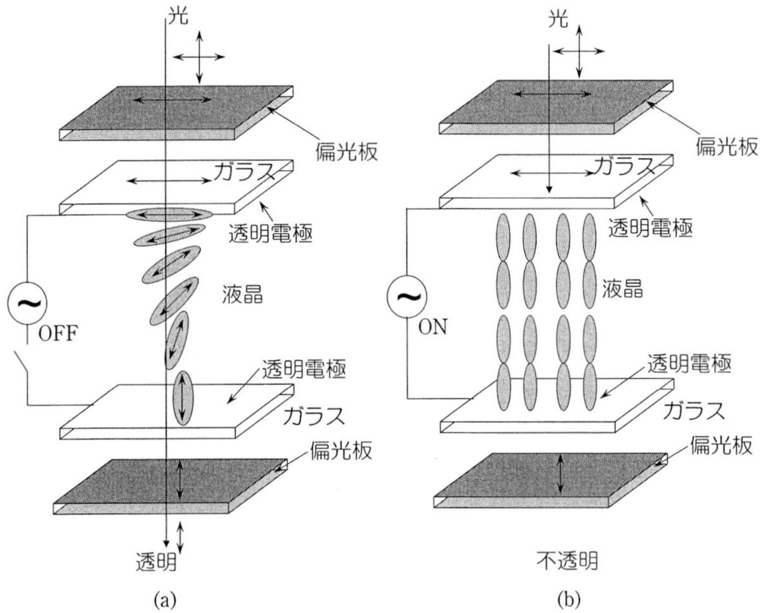

図 **6.27**　ねじれネマチック効果

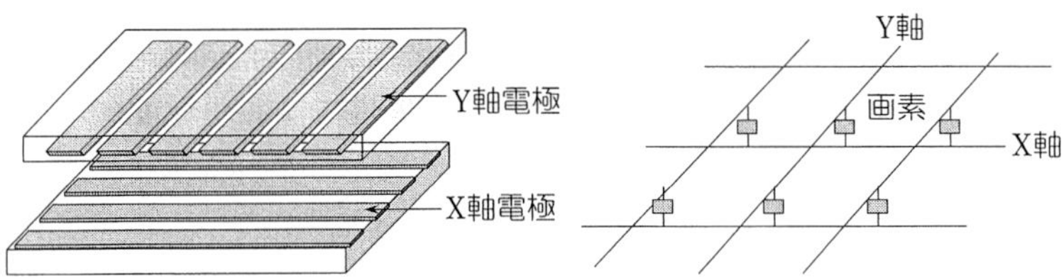

図 **6.28**　単純マトリックス駆動

間で 90 度ねじれをもった配向をとる。電極が OFF の場合，液晶中を偏光が通過するとき，液晶の配向の変化に伴って，偏光も 90 度回転して対向電極に偏光が到達するので，透明で表示は明状態である。これに対して，電源を ON にすると，図 **6.27**(b) のように液晶素子が配列し，液晶の光学異方性がなくなるので暗状態となる。

液晶の駆動方式には，単純マトリックス駆動とアクティブマトリックス駆動がある。

単純マトリックス駆動は，X 軸方向と Y 軸方向の 2 方向に導線が設置されており，X と Y の 2 方向から電圧をかけることにより，交点の液晶が駆動する方式で

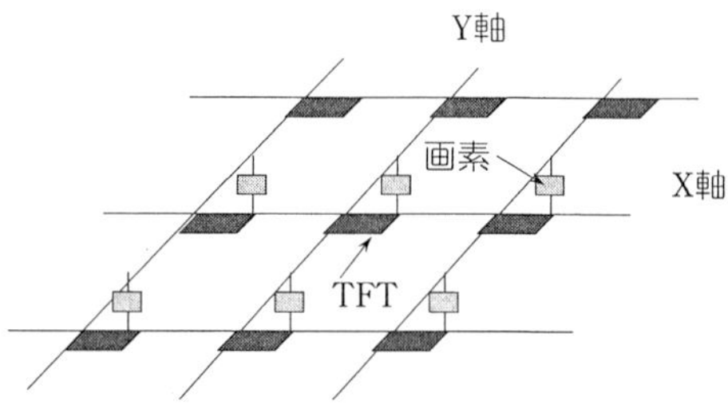

図 **6.29**　アクティブマトリックス駆動

ある。図 **6.28** に示すように，液晶は，X 軸方向の導線と Y 軸方向の導線にはさまれるように，各交点に並んでいる。構造が簡単なため，低コストである。しかし，駆動させたい液晶の周囲にある液晶にも電圧がわずかにかかるため，コントラストはさほど高くない。また，反応速度も遅く，コンピュータのディスプレイには，アクティブマトリックス型液晶ディスプレイの方が多い。

アクティブマトリックス駆動は，単純マトリックス型液晶の構造に加えて，液晶ごとに「アクティブ素子」を配置したものである (図 **6.29**)。アクティブ素子は，X 軸方向の導線の電圧により ON/OFF 状態が切り替り，アクティブ素子が ON 状態にあるとき，Y 軸方向の導線に電圧がかかる場合に，交点にある目的の液晶が点灯するという仕組みである。これにより，目的の液晶のみを確実に作動できる。単純マトリックス型液晶に比べて，残像が少なく，視野角も広く，コントラストが高く，反応速度が速いという特徴から，コンピュータのディスプレイなどに広く使われている。欠点としては，構造の複雑さからコストが高いことがあげられる。

6.4.2　有機 EL(エレクトロルミネッセンス)

ある種の物質に電圧をかけると発光する。この性質を利用した発光素子を EL 素子といい，発光物質に炭素などの有機物を含むものが有機 EL である。発光体に，ジアミン類などの有機物が用いられる。有機 EL の構造を図 **6.30** に示す。背面電極 (陰極) と ITO などの透明電極 (陽極) に電圧をかけると，電子と正孔がそれぞれ電子輸送層・正孔輸送層を通過し，発光層で結合する。結合すると，励起状態からふたたび基底状態に戻るが，そのときに光を放出する。放出された光は，ITO などの透明電極，ガラスを通して外に放出される。

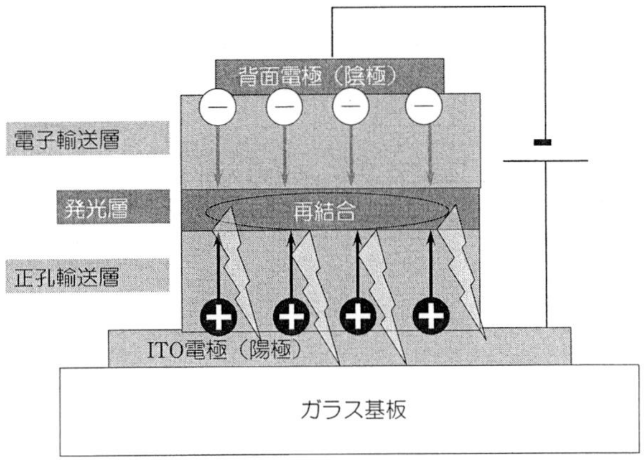

図 **6.30** 有機 EL の構造

一般に，EL ディスプレイは低電力で高い輝度が得ることができ，視認性，応答速度，寿命，消費電力の点で優れており，液晶ディスプレイと同じく薄型にすることができるとされている。硫化亜鉛などの無機物を発光体に使う無機 EL ディスプレイはカラー表示が難しいなどの問題があり，用途は限られていた。有機 EL はカラー化が容易で，無機 EL より低電圧の直流電流で動作するなどの特長があり，携帯端末の表示装置などへの応用が期待されている。

第7章　医用材料

“バイオマテリアル”は，“医用材料”あるいは“生体材料”と類義語で，“有害な影響を及ぼすことなく生体と親密に接触して用いられる物質”のことである。一般的には，生体内に埋め込んで，病気や交通事故・災害などで傷ついたり失われたりした組織や器官の代替の人工材料をさす。体内での安全性 (毒性がないといった生物学的安全性，摩耗や破壊が起らないような物理的安全性，血液凝固や血圧の上昇あるいは下降を引き起こさない化学的安全性) に加え，滅菌の容易さ等，扱いやすさも重要である。バイオマテリアルに要求される性能として，医用材料として所望の機能が発揮できること (医用機能性)，生体および材料に有害な反応を生じない材料であること (生体適合性)，生体組織・生体器官と同様の機械特性 (力学的適合性) を有していること，滅菌や消毒処理に耐え得ること，などの特性が要求される。

7.1　医用材料の種類

バイオマテリアルは，金属やセラミックスを主体とした義歯，人工歯根，骨充填材，人工骨・関節などの硬組織の生体材料と，プラスチックやシリコーンを主体とした人工血管，カテーテル，人工皮膚，人工心臓，眼内レンズ，縫合糸などの軟組織の生体材料，あるいは，これらを組み合せたものに分類することができる。

7.1.1　硬組織の生体材料

硬組織とは，生体において，主に，骨や歯のことをいう。したがって，硬組織の生体材料は，主に，金属 (純金属や合金) や無機 (セラミックス) 材料を主体としている。金属や合金を主体とした医用金属材料，セラミックスを主体とした医用無機材料の主な用途は，整形外科領域，循環系領域，歯科領域の医療器具で，そのほとんどが，生体内に長期埋植することを前提としている。そのため，力学的

表 7.1　硬組織の生体材料の応用例

用途	使用材料
歯冠	金や銀などの貴金属合金，ニッケル-クロム(Ni-Cr)合金，コバルト-クロム(Co-Cr)合金，チタン合金，等
人工歯根	陶材，アルミナ、ジルコニア(ZrO_2)，ハイドロキシアパタイト，チタン，等
骨充填材	ハイドロキシアパタイト，等
人工骨・人工関節	SUS，Co-Cr合金，アルミナ，超硬分子量ポリエチレン，等

強度のほかに耐久性も要求されている。

表 7.1 に，硬組織の生体材料の用途と使用材料の例を示す。

（1）医用金属材料

高い強度が必要な骨折固定器具，人工関節，義歯などは低炭素ステンレス鋼，コバルト–クロム (Co–Cr) 系の合金，Co–ニッケル (Ni) 系の合金，チタン合金などの金属材料が利用されている。生体内では，酸素の補給が十分でない場合が多いので，金属表面に形成された不働態膜が壊れると，不働体膜は生体内では再生するのが困難である。また，生体内では空気中と異なり，長期間絶えず液体の浸食を受けることになり，イオンなどが溶出しにくい材料，すなわち，安定な酸化被膜を形成する金属材料が選ばれる。たとえば，炭素 (C) をきわめて低く抑えて Ni や Cr の含有量を多くした高級ステンレス鋼や，モリブデン (Mo) を添加することで耐食性を向上させたステンレス鋼などが利用されている。Co–Cr 合金も，耐食性，耐摩擦性に優れるので，長期間体内に埋入される金属材料として利用されている。チタン合金を含めてチタンは比重が小さく軽量であるとともに，機械強度が高い。また，チタンは酸化されると，酸化チタンの不働態膜が生成する。この膜は，非常に強固で安定であり，生体反応をほとんど生じないので，今後その利用は飛躍的に伸びるものと期待されている。

また，歯科材料や整形外科材料として金属材料を用いる場合に，金属アレルギー反応を起す場合がある。金属に対するアレルギー反応は，個々の患者によって異なるが，アレルギーを引き起す度の高い金属として，Ni，Co，Cr，水銀 (Hg)，銅 (Cu) などが知られている。

（2）医用無機材料

アルミナ，ジルコニア，ハイドロキシアパタイト，ガラスなどのセラミックス材料は，イオンの溶出やアレルギーなどの問題は少ない。ただし，繰り返し微小な摩擦が生じる部位では，摩耗により摩耗粉が生じるという問題がある。

単結晶サファイア，多結晶アルミナ，多結晶ジルコニア などは，体内で非常に安定であり，生体反応を生じず，機械的強度や耐食性に優れていることから，整形外科や歯科の領域で必要不可欠の材料である。

化学的には，骨や歯の成分と同じ組成である合成ハイドロキシアパタイト (Hydroxyapatite, $Ca_{10}(PO_4)_6(OH)_2$) の焼結体や，ハイドロキシアパタイトをガラスマトリックス内に析出させた結晶化ガラスは，骨組織と化学的に接着するので，生体活性あるいは生体内可溶性セラミックスといわれている。ハイドロキシアパタイトは，破壊靱性にやや難点があるので，金属表面に溶射などにより接着させて，生体との界面に利用する試みもある。しかし，ハイドロキシアパタイトのコーティング層が剥離するという問題も発生している。

炭化水素を高温で熱分解して得られる熱分解炭素は，強度と耐摩耗性が高く，生体内で不活性であり，きわめて軽量であるため，人工弁などの弁葉などに利用されている。また，グラファイトの一種である活性炭は吸着力に優れるので，人工肝臓などとして，体内毒物の除去のための利用が行われている。

7.1.2　軟組織の生体材料

高分子材料は，金属やセラミックスに比べて軽量であり，比較的容易に種々の形状に成型加工できるために，医用材料としての用途は広い。皮膚や筋肉などの軟組織には，高分子材料が用いられる場合が多い。一方で，生体内で，タンパク質などの生体成分由来の異物が進入すると，生体防御反応を起し，高分子材料でも，生体防御反応を起すことがある。医用高分子材料としては，生体防御反応を起こさない材料を用いることが重要であり，そのような材料は，生体適合性に優れているといえる。

医用高分子材料は，大きく分けて天然高分子と合成高分子に分けられる。医用材料として利用されている天然高分子は，植物由来のもの，動物 (ヒトも含めて) 由来のものがある。植物由来のものは，ペクチン，セルロース，植物ガム，天然ゴムなどであり，動物由来のものは，コラーゲン，ゼラチン，ヒアルロン酸，キチン，キトサン，組織・臓器などを改質したものなどがあげられる。天然高分子の場合，精製に限界があり，夾雑物や微生物汚染などの問題や生体内での反応を起すという問題，さらには，耐熱性に劣り，滅菌に耐えないという問題などがある。合成高分子は，材料の強度，耐久性などのメカニカルな安全性と，生体内での分解や劣化などといった問題がある。このほかにも，高分子材料と生体内細胞や組織の界面で化学反応を起すことや，生体成分が高分子材料に吸着するなどと

表 **7.2** 軟組織の生体材料の応用例

用途	使用材料
人工血管	PET，PTFE，等
カテーテル	PVC，PTFEなどのフッ素樹脂，ポリウレタン，ポリエステル，等
人工皮膚	コラーゲン，ナイロン，シリコーン，ポリウレタン，等
人工心臓	ポリウレタン，シリコーン，等
縫合糸	ナイロン，ポリエステル，ポリプロピレン，ステンレス鋼，チタン，キチン，ポリグリコール酸，等
眼内レンズ	PMMA， HEMA，等

いう問題もある。また，医療用器具に用いられる合成高分子材料には，何らかの添加剤が加えられていることが多い。これら添加剤は，低分子量物質であり，生体内の臓器や細胞などの毒素として働く場合があり，生体内で活性な官能基を有する低分子量物質の生体内への拡散は，とくに要注意である。**表 7.2** に軟組織の生体材料の用途と使用材料の例を示す。

ポリ塩化ビニルは，医療用高分子素材の中で多く利用されていた。透明度が高く，成型しやすく，安価なために，チューブ，カテーテル，バッグなどのディスポーザブル器具に応用されている。しかし，使用後の焼却処理で発生するダイオキシン問題で，敬遠される傾向にある。このほか，多く用いられているのはポリプロピレンで，ディスポーザブル用品や手術糸，人工肺などの膜に利用されている。埋め込み材料としてもっとも歴史が長く，広範囲に使用されているのが，シリコーンである。その基本構造は，ポリジメチルシロキサンである。架橋による分子量の調整などによって，液状，ゲル状，ゴム状，樹脂状のものが容易に得られ，種々の機能を付与することができる。ついで，ポリスチレン，ポリカーボネートなどの利用が多い。

7.2　医用材料の適用例

7.2.1　ディスポーザブル用品

近年の医療現場において，使い捨ての医療器具や容器は必要不可欠で，非常に多くのものが使用されている。たとえば，輸液・輸血用のバッグ，注射器，手袋，カテーテルなどがある。中でも，ポリ塩化ビニルは透明度が高い，成型・加工しやすい，安価である，などの理由からよく使用されていた高分子材料の一つであるが，先にも述べたように，焼却廃棄の際に生成するダイオキシンの問題から，こ

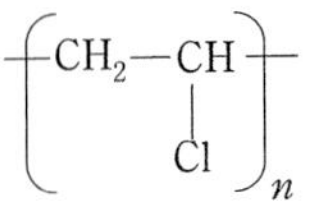	・透明度が高く，成型しやすく，安価。
	・チューブ，カテーテル，バッグ等，ディスポーザブル器具に利用 。

図 **7.1**　ポリ塩化ビニルの構造と特性

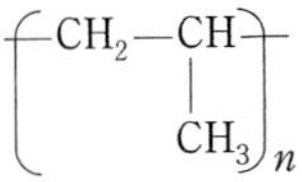	・比重が汎用プラスチックの 中で，もっとも軽い。
	・引っ張り強さや剛性に優れるが，低温衝撃強度に劣る。
	・耐熱性が良い。100℃以上の滅菌にも耐える。
	・透明性に優れる。
	・耐薬品性が良い。
	・電気絶縁性に優れる。

図 **7.2**　ポリプロピレンの構造と特性

れに代る材料の開発も行われている。図 **7.1** にポリ塩化ビニルの構造と特性・用途を示す。

輸液用のバッグでは，中の薬剤の状態がはっきりわかるように透明な材質で，フレキシビリティと，ある程度の強度をもつ材質のものが使用されている。一部の輸液バッグでは，空気中の酸素などによるバッグ内の薬剤の経変を防止するために，ガスバリアー性の高いプラスチックバッグが使用されている。このようなバッグは，特性の異なる複数のプラスチックフィルムや，無機薄膜をコーティングした多層フィルムが使用される。

かつては，注射器といえばガラス製のものを繰り返し使用していたが，感染の問題から，現在はほとんどが，ディスポーザブルのポリプロピレン製注射器が用いられている。ポリプロピレンは，図 **7.2** に示すように，機械強度，耐熱性，透明性，耐薬品性に優れている。

7.2.2　手術用材料

手術用縫合糸は，切開創，裂傷等の組織を密着して縫い合せ，治癒する目的で使用される糸である。手術用縫合糸に要求される性能は，滅菌が可能であること，生体適合性に優れること，滑らかに組織を通過できること，弾性で機械的な強度が高くかつ結んだときに緩まないことが必要とされている。ある期間経過した後体内で吸収されるものと，吸収されないで残存するものとがある。

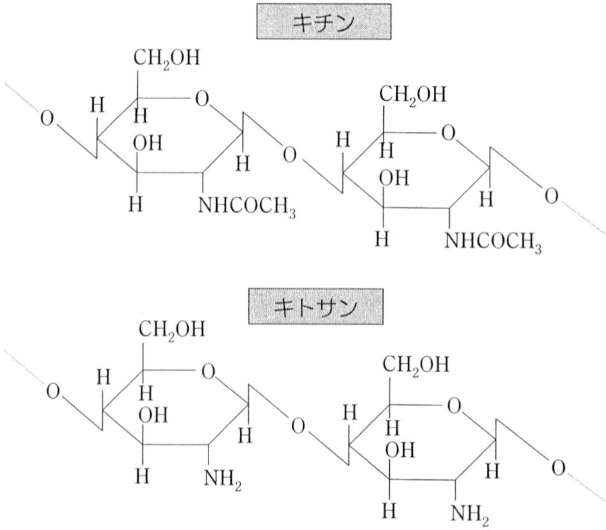

図 **7.3**　キチンとキトサンの構造

吸収性縫合糸には，キチンやポリグリコール酸などが用いられている。キチンは，主に，カニ・エビなどの甲殻類の殻に含まれており，このほかに，軟体動物，昆虫などにも存在する天然高分子材料である。キチンを強アルカリ溶液中で加熱処理すると，キトサンになる。図 **7.3** にキチンとキトサンの構造を示す。キチンとキトサンは構造が類似していることから，キチン・キトサンと総称することもある。キチン・キトサンは，人工皮膚や手術用縫合糸として用いられている。生体親和性に優れ，副作用もない。さらに，殺菌作用や鎮痛・止血効果があるため，痛みや炎症を抑制する効果もある。また，体内のキチン・キトサン分解酵素であるリゾチームなどの働きにより分解するために，手術用縫合糸として用いても抜糸は不要となる。ポリグリコール酸縫合糸も，体内で加水分解を受けて徐々に分解されて，吸収される。

非吸収性縫合糸には，ナイロン，ポリエステル，ポリプロピレンなどの合成高分子や天然高分子である絹のほか，高い強度を必要とする場合には，ステンレス鋼やチタンなどの金属線が用いられる。

手術時の小さな止血に対しては，止血材としてコラーゲン，ゼラチン，酸化セルロース，トロンビンなどが用いられている。コラーゲンは，繊維状のタンパク質でその構造は右巻き 3 重ラセン構造をとり，この 3 重ラセン構造により弾力性が保たれているとされている。また，人体においてコラーゲンは，全タンパク質の 30 %を占めており，骨や軟骨，腱，血管壁などの結合組織の主成分として，細胞と細胞をつなぐ非常に重要な役割を担っている。コラーゲンタンパク質は，特徴的な 1 次構造を有しており，ペプチド鎖を構成するアミノ酸は，－－－グリシン (Gly) － X － Y － Gly － X′ － Y′ － Gly －－－ と，グリシンが 3 残基ごとに繰り返す 1 次構造を有する。ゼラチンは，コラーゲンの 3 重ラセン構造が，熱などによって壊れてランダムコイルになったタンパク質がゼラチンである。トロンビンは，別名，フィブリノゲナーゼともいわれ，血液凝固に関係するエンドプロテアーゼの一つである。フィブリノーゲンに作用してフィブリンを生成する酵素として知られている。

7.2.3　形成外科用材料

形成外科とは，身体の奇形や変形を手術によって治療する医学分野で，たとえば，障害の治療，事故により変形した顔面の整形，やけどの跡の皮膚移植などを行うことをいう。形成外科分野で医用材料が適用されているのは，人工乳房，人工皮膚などがある。人工乳房は，シリコーンゴムバッグの中に生理食塩水やシリコーンゲルを封入したものが用いられている。シリコーンゴムは，**図 7.4** に示すように，主鎖にケイ素と酸素が結合したシロキサン結合を有する高分子材料である。シリコーンゴムは，耐熱性，耐寒性，耐オゾン性，耐候性，電気特性などに優れるという長所と，機械的強度，とくに，引裂強度が小さいという短所がある。

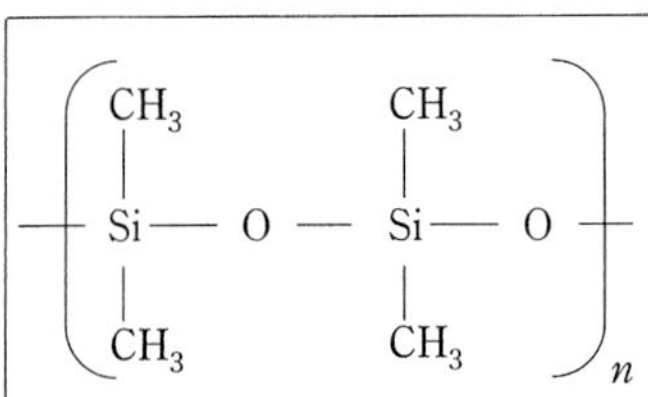

・耐熱性，耐寒性に優れ，温度による物性変化がきわめて小さい。
・耐オゾン性や耐候性などに優れる。
・電気特性に優れ，温度，周波数変化が少ない。
・機械的強度，特に引裂強度が小さい。

図 **7.4**　シリコーンゴムの構造と特性

人工皮膚は，やけどや外傷などによって欠損した皮膚の代りに，一時的に体表面を被覆する材料である。体液の損失と感染を防止するために加工処理した動物の皮膚や，コラーゲンや合成高分子膜などが用いられている。これらは，一次的に用いられる材料であり，最終的には，自己の皮膚を移植する必要があるが，広範囲に皮膚を失った患者には，自己の皮膚を移植するには限界がある。その場合，たとえば，コラーゲン基材に自己の細胞を培養してつくる人工皮膚など，皮膚組織の培養・増殖技術によりつくられる人工皮膚が用いられている。

7.2.4 眼科用医用材料

眼科領域において医用材料は，コンタクトレンズと眼内レンズに応用されている。

(1) コンタクトレンズ

コンタクトレンズは，視力矯正を目的として，角膜上に装着するレンズで，大きく分けて，ハードコンタクトレンズとソフトコンタクトレンズに分けられる。

ハードコンタクトレンズ ハードコンタクトレンズでは，もっとも古くから使用されているポリメチルメタクリレート (PMMA) 製のレンズが有名である。図 **7.5**(a) にその分子構造を示す。このレンズは，酸素透過性が低いので，PMMA をベースにしたシリコーン系高分子 (シリコーンメタクリレート) や，フッ素系高分子 (フルオロメタクリレート) と PMMA との共重合により，酸素透過性を向上させており，これらが，酸素透過性ハードコンタクトレンズといわれているものである。

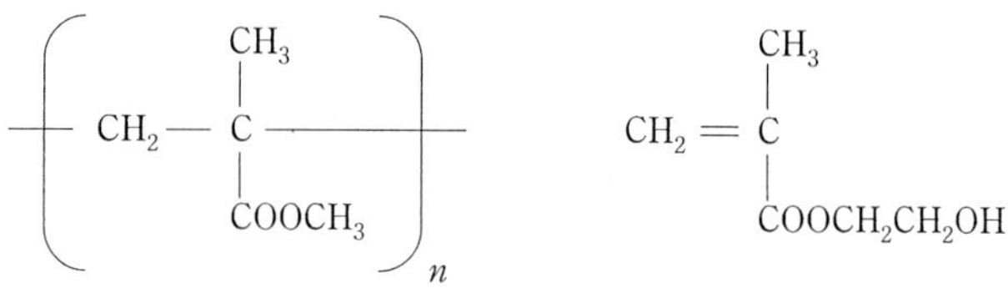

(a) PMMA　(b) HEMA

図 **7.5** コンタクトレンズ材料の構造

ソフトコンタクトレンズ ソフトコンタクトレンズは，非含水系と含水系のレンズに分類される。非含水系は，図 **7.4** に示した構造のシリコーンゴム系や，アクリルゴム系がある。含水系は，含水率によって3段階に分けられている。高含水率のものを除き，図 **7.5**(b) に示す構造の，ヒロドキシエチルメタクリレート (HEMA) や HEMA との共重合体が用いられている。また，HEMA を主成分とする低含水率のディスポーザブルコンタクトレンズは，連続して1〜2週間の装着が可能なコンタクトレンズとして使用されている。

(2) 眼内レンズ

眼内レンズにも，コンタクトレンズと同様にハード眼内レンズとソフト眼内レンズがあり，前者は，PMMA やポリメタクリル酸エチルが，後者は，非含水系のシリコーンゴム系やアクリルゴム系と，含水系の HEMA 系の高分子が用いられている。

7.2.5　代謝機能材料

生物は，外界から物質を取り込み，排出している。取り込んだ物質を合成・分解し，その物質変化に伴い，発生するエネルギーを利用して生命活動を維持している。これを代謝という。代謝機能を司る臓器に障害が起きて，その機能が十分に発揮されなくなったとき，その臓器の一部またはすべてを代替するのが人工臓器である。ここでは，人工臓器に使用される代表的な材料である，血液浄化用材料について述べる。

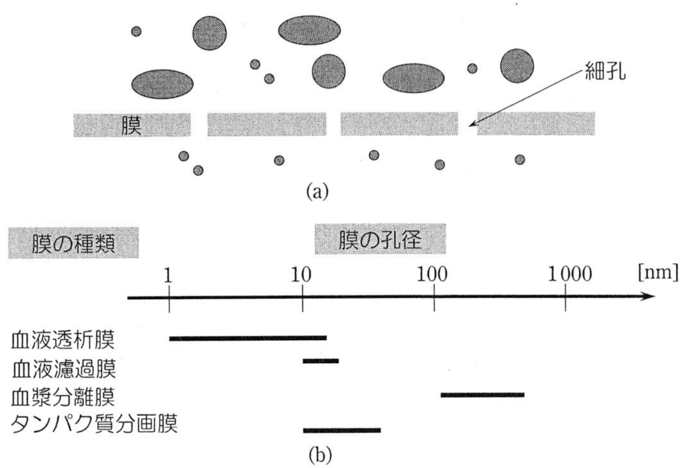

図 **7.6**　膜の細孔と膜の種類

血液浄化は，血液をきれいにすること，すなわち，腎不全患者の血液から，尿毒症の原因となる毒素を除去することである。血液を浄化する原理は，透析，吸着，ろ過の 3 つである。透析は膜を介した物質の移動であり，物質の濃度差あるいは圧力差を利用している。図 **7.6**(a) に示すように，膜の細孔を利用して細孔より大きな物質は膜を透過せず，小さな物質は膜を透過するという機構である。

血液透析には，セルロース，酢酸セルロース，ポリメチルメタクリレート，エチレン–ビニルアルコール共重合体などでつくった中空糸膜を用い，透析液を利用して拡散 (濃度差) によって，血液中の尿素やクレアチニンの有害物質を除去し，電解質やアミノ酸液を補充する。図 **7.6**(b) に示すように，膜の孔径は，1～15 nm

程度のものが用いられている。血液透析膜は，臨床的にもっとも成功している人工臓器であるが，長期間の使用の場合には，心不全，貧血，骨軟化症などの合併症も現れ，これらの多くは材料に起因するので，一層優れた膜の開発が待たれる。

血液濾過は圧力差により大量限外ろ過を行い，炉液とともに尿毒症物質を除去する方法である。膜の孔径は，図 **7.6**(b) に示すように，10～20 nm 程度である。膜の材質は，ポリアクリロニトリル，ポリアミド，ポリスルホン，PMMA，酢酸セルロースなどである。

このほかに，図 **7.6**(b) に示すように，血漿分離膜やタンパク質分画膜，さらには，ウイルス分画膜なども，膜分離を利用して行われている。

7.2.6　抗血栓材料

人工心臓，人工肺，人工血管などの循環器系，人工腎臓などの代謝系の人工臓器，血管カテーテルや血管拡張ステント，血液バッグなどの医療器具や容器においては，血液と直に接している。このような医用材料においては，長期間血液に触れても凝固しない材料，すなわち，抗血栓材料を使用する必要がある。ここでは，抗血栓材料を使用した具体例について述べる。

人工心臓には，生体内に半永久的に埋め込んで心臓の機能を代替するシステムと，衰弱した心臓の機能を補助するシステムの 2 種類があり，前者を，完全人工心臓，後者を，補助心臓といい，区別される。生体材料の中でも，人工心臓は特殊で，血液に接する部分と，組織に接する部分が混在しており，組織適合性のある抗血栓材料が必要となる。また，心臓は絶えず動き続けることから，繰り返し変形に対する耐久性も必要である。これら条件を満たす材料として，熱可塑性の軟質ポリウレタン材料があり，軟質ポリウレタンにシリコーンを少量加えたものや，フッ素化ポリウレタンなどがある。

また，心臓の人工弁にも医用材料は応用されており，生体組織を利用した生体弁と，人工材料のみを使用した機械弁に分けられる。生体弁は，豚の大動脈弁や牛心嚢膜でつくられた弁が用いられている。機械弁は，主に，チタン製の金属弁である。生体弁は血栓ができにくいが，機械弁と比較すると耐久年数が短い。機械弁は，耐久性に優れるものの，血栓ができやすい。

血管は，心臓と抹消組織を結ぶパイプ役として重要な役割を担っている。人工血管に要求される性能として，生体適合性や抗血栓材料であることに加え，生体の血管と同程度の弾性と強度を有していることと，長期にわたる耐久性，埋め込み手術の際の取扱いやすさなどが要求される。このような要求を満たす材料には，

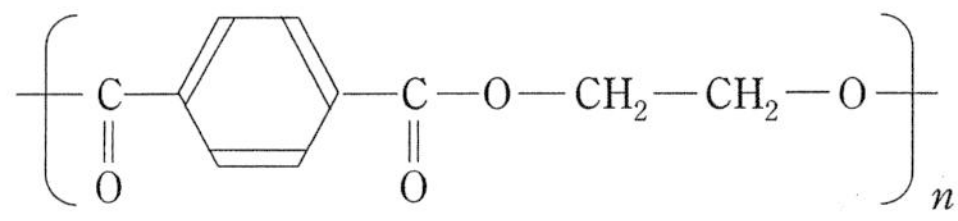

	透明性に優れる（ただし，UVは吸収しやすい）。
	耐薬品性に優れる。
	電気絶縁性に優れる。
	耐摩耗性に優れる。

図 **7.7**　PET の構造と特性

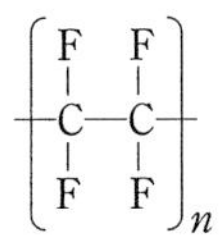

	耐薬品性に優れる。
	電気絶縁性に優れる。
	耐熱性に優れる。
	非粘着性である。
	摩擦摩耗特性に優れる。

図 **7.8**　PTEE の構造と特性

ポリエチレンテレフタレート (PET) と，ポリテトラフルオロエチレン (PTFE) がある。PET の構造と特性を図 **7.7** に，PTFE の構造と特性を図 **7.8** に示した。PET は，繊維を編んだり，織ったりしたものが，PTFE では，延伸加工で多孔性にしたものが使用されている。いずれの場合も，早い時期に積極的に血液成分を沈着させ，その後，擬似的な生体組織で血液接触面を被覆し，異物と接触させないような仕組みになっている。これら材料を用いた人工血管でも，原則として，直径が 6 mm 以上の大血管動脈用に限られており，静脈や，6 mm 未満の細い動脈に利用できる人工血管はないので，他の場所にある自己の静脈などを移植して使用している。このほか，柔軟性に富む多孔質ポリウレタン製人工血管の開発もなされている。

7.2.7　カテーテル

カテーテルとは，血管や食道，腸，尿道，膀胱などに挿入し，体液や尿を排出させる，あるいは，薬液を注入するなどの治療や診断を行うための，細い管状の医療器具のことである。カテーテルは，泌尿器系，外科系，消化器系，麻酔系，脳神経系など幅広い医療分野で，それぞれに適した構造で，広く用いられている。カテーテルは，大きく分けて，チューブカテーテル，センサーカテーテル，アクチュエータカテーテル，生体機能補助用，などのカテーテルに分類される。

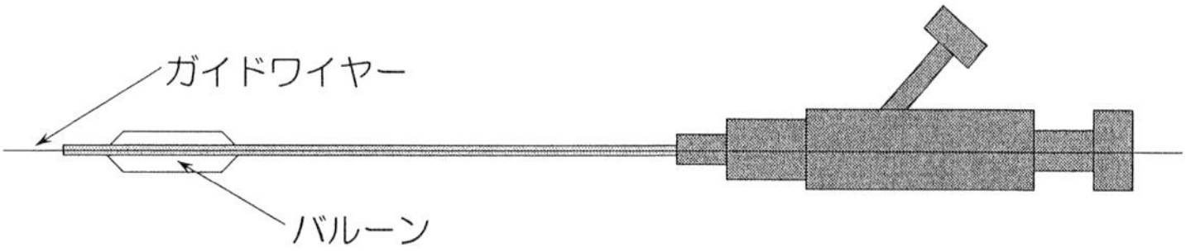

図 **7.9**　カテーテルの構造例

たとえば，狭心症や心筋梗塞などの治療法である，経皮的冠動脈形成術 (PTCA) に用いるカテーテルの模式図を図 **7.9** に示す。PTCA は，狭心症や心筋梗塞などで，心臓の冠動脈が狭さく，あるいは，閉塞した病変部を，PTCA カテーテル (直径 1 mm 程度のチューブ) の先端につけたバルーン (風船) で押し拡げ，血流を回復させる治療法である。ガイドワイヤーは，カテーテルを先導するための細線で，生体適合性に優れた金属・形状記憶合金で，組織損傷を低減するために，表面に易滑処理 (滑性に優れた PTFE などの高分子でコーティング) をしている。

カテーテルは，長さ方向と外径方向に異なる物性を要求されることも多く，繊維や樹脂などの高分子や，ワイヤーや板状コイルなどの金属の補強材を用いることもある。血液と接触するこのとあるカテーテルでは，抗血栓性などの生体適合性なども考慮して，カテーテル材料を選定しなければならない。

7.2.8　整形外科用材料

高齢化社会が進む現代，整形外科領域における治療技術は，重要度を増している。骨折などの手術に使用する骨接合材料や固定材料，人工関節など，高い生体適合性を有する機能性の高い材料や機器の開発が行われている。

図 **7.10** に人工股関節の模式図を示す。ステムと骨頭には，高剛性材料，摺動部である臼蓋には，低剛性材料が用いられている。ステムと骨頭に用いられる高剛性材料には，ステンレス鋼 (SUS 316 L などのオーステナイト系) や，コバルト–クロム (Co–Cr) 合金が用いられており，Co–Cr 合金はステンレス鋼よりも耐食性に優れている。また，ステムや骨頭へは，セラミックスの応用も検討されている。たとえば，骨頭部には，多結晶アルミナを用いると摺動相手の UHMWPE の耐摩耗性が改善される。臼蓋に用いられる低剛性材料には，超高分子量ポリエチレン (Ultra high molecular weight polyethylene：UHMWPE) が用いられている。UHMWPE を用いた場合，摺動面での問題 (骨頭部の摩擦とステムの緩み) があるものの，現在までのところ，UHMWPE に代る材料の開発はできていない。

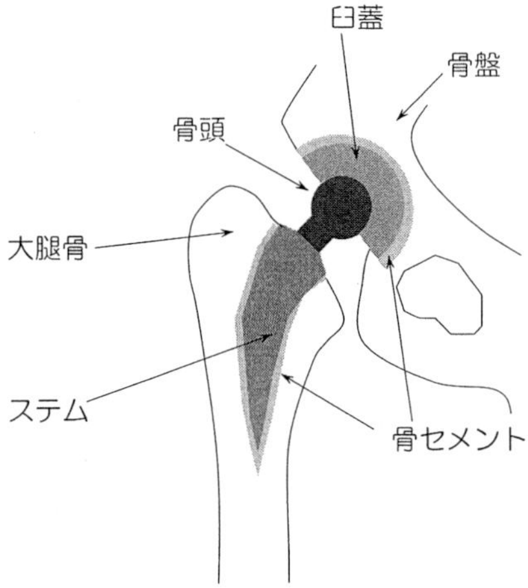

図 **7.10**　人工股関節

骨と人工関節の間の固定には，骨セメントによる固定が一般的に用いられている。骨セメントは，メタクリル酸メチルが，主に利用されている。

骨欠損に対しては，これまで他の部位にある自家骨が移植されてきたが，アルミナが利用されるようになってきた。アルミナなどの生体不活性材料は，骨との接合や力学的適合性に問題がある。力学的適合性とは，人工材料周辺の生体の力学的なバランスをいう。たとえば，骨との接合を強固にしすぎると，骨に生理的な荷重が伝わり難くなってしまうことがある。荷重が伝わらないと，周囲の骨に廃用性変化 (長期間使用されないと，器官や筋肉の機能が失われるか萎縮してしまう) が生じることがある。このような問題から，よりなじみのよい結晶化ガラスや，水酸アパタイトとポリエチレンの複合材料などの利用も試みられている。

骨折治療に使用される骨固定用のプレート，ねじ，ボルトなどは金属が用いられているが，前述の力学的適合性などの問題から，硬質高分子材料や繊維強化複合材料の利用が検討されている。

靱帯にも，医用材料が応用されてきた。かつては，人工靱帯として繊維状に束ねた e–PTFE や PET の編紐などが用いられてきたが，人工材料を用いた場合の長期耐久性の問題や自家組織を用いた靱帯再生技術の進歩により，その症例数は減少している。

7.2.9　歯科用材料

歯科医療の分野では，クラウンや人工歯根，義歯などの修復に金属やセラミックス材料，高分子材料が広く用いられている。クラウンは，歯冠の欠損部にかぶせる被覆冠のことで，クラウンの種類は歯の種類や欠損の部位，患者の希望などにより使い分けられている。人工歯根は，インプラント体ともいわれ，あご骨に人工的に歯を植立させて欠損した歯を回復させるもので，図 **7.11** にその概念図を示す。

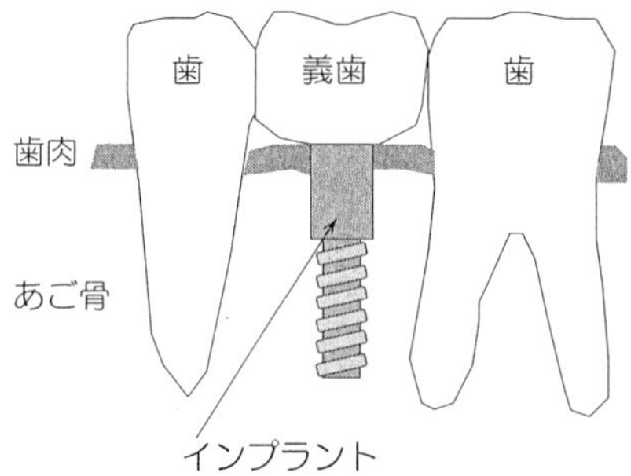

図 **7.11**　インプラント

クラウンなどの歯冠修復，インプラント体や歯科列矯正用ワイヤーなどに用いられる金属材料には，金や銀などの貴金属合金のほか，ニッケル–クロム (Ni–Cr) 合金，コバルト–クロム (Co–Cr) 合金，チタン合金などが用いられている。このほかにも，銀–水銀 (Ag–Hg) アマルガムなども，歯冠修復用に用いられている。歯科列矯正用ワイヤーには Ni-Ti 形状記憶合金が用いられている。

歯冠は，天然歯に近い色調を有すること，硬度や圧縮強さなどの機械特性が天然歯に近いこと，生体適合性に優れることから，歯冠やインプラントにはセラミックス材料も応用されている。長石，石英，カオリンからなる陶材は，人工歯やクラウンなどに使用されている。また，インプラント材料として，アルミナ，ジルコニア，ハイドロキシアパタイトなどで被覆した金属が利用されている。

歯冠欠損部の充填材や義歯床には高分子材料も使用されている。主に，ポリメチルメタクリレート (PMMA) をはじめとするメタクリル酸誘導体である。このほかポリカーボネートやポリスルホンなどが一部で使用されている。義歯は土台となる義歯床とその上に固定される人工歯から構成されていて，義歯床には PMMA や PMMA を金属で補強したものなどが使用されている。

7.3 医用材料の安全評価

医療器具や医用材料の安全性を保証するには，生体に及ぼす影響 (毒性) や，材料の強度や耐久性などを正当に評価しなければならない。

7.3.1 毒 性 試 験

毒性試験の評価法は，日本薬局方や薬事法に記載されているものの，すべての試験法が規定されてはいない。規定されていない評価法は，医療器具や医用材料メーカーが独自に試験を行い，申請を行っている。

薬事法は，医薬品・医薬部外品・化粧品および医療用具に関する事項を規制し，その適正を図ることを目的とする法律である。医薬品，医薬部外品，化粧品および医療器具の品質，有効性および安全性の確保等を目的とした薬事に関する基本の法律で，「医薬部外品」や「化粧品」の定義や品質，表示等についての規則も定められている。

日本薬局方は，薬事法第 41 条により，医薬品の性状および品質の適正を図るため，医薬品の品質・純度・強度の基準を定めた医薬品の規格基準書であり，通則，製剤総則，一般試験法および医薬品各条から構成されている。

7.3.2 機械的試験

日本国内には，医療器具や医用材料の機械強度に関しての規格・基準はない。一部の医療器具や医用材料については，アメリカにある標準化機関 ASTM(American Society for Testing and Materials) が，規格や生物学的・機械的試験法のガイドラインについて取り決めを行っている。ASTM が作成している試験法が ASTM 規格 (試験法) であり，膨大な数の規格が発行されている。このほかに，国際規格である ISO(International 0rganization for Standardization) 規格や，日本機械学会などの国内の学会でも規格化を検討している。

第 8 章　環境材料

近年，地球環境問題が深刻になってきており，大量消費大量廃棄からの脱却が我々人類に要求されている。材料の工業的な利用を考える上で，その製品のもととなる資源採取から製造，物流，販売，使用，リサイクル，廃棄に至るまでの製品のライフサイクル全体を通して，環境負荷や環境影響を定量的に把握し，客観的に分析・評価し (Life Cycle Assessment：LCA)，環境負荷の低減を図らなければならない。我々人類は，自然との調和・共生する持続可能な社会を築くことが要求され，そのために，廃棄物を再利用するなどの省エネルギー・省資源化社会 (循環型社会) の構築が必要とされている。

持続可能な循環型社会に必要不可欠な材料は，いわゆる“エコマテリアル：Environmental Conscious Materials(Ecomaterial)”とよばれる環境材料である。

まずは地球環境問題から述べることとする。

8.1　地球環境問題

地球環境問題の特徴は，その原因や影響が地球全体に及び，かつ影響が将来も続くものをいう。したがって，ある地域に限定された環境問題や地球全体に及ぶものでも，短期的な問題は当てはまらない。

現在，地球環境問題として，地球温暖化，酸性雨，オゾン層破壊，森林破壊，砂漠化などの問題があり，このうち，地球温暖化がもっとも影響が大きく，対策が難しいとされている。

8.1.1　地球温暖化

地球温暖化の原因は，いわゆる温室効果ガスによるものである。図 **8.1** に示すように，大気は，太陽からの光線を通過させると同時に宇宙へ逃げようとする赤外光をとらえて，地上に戻す。

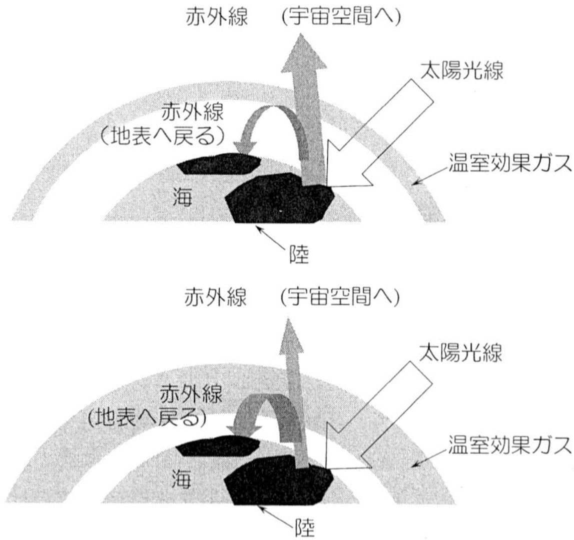

図 **8.1**　温室効果ガスによる地球温暖化のメカニズム

赤外線は，ものを暖める効果があるので，地上に照射されると地球を暖めることになる。大気のこのような働きを温室効果といい，この温室効果をもたらすガスの代表が二酸化炭素である。二酸化炭素などのガスは，温室のガラスの役目をしているので，温室効果とよばれている。温室効果ガスが多くなるとこの効果が大きくなる。

二酸化炭素以外の温室効果ガスには，メタン，代替フロン，亜酸化窒素，6 フッ化硫黄，などがある。これら温室効果ガスの保温力は二酸化炭素を 1 とすると，メタンが 21 倍，亜酸化窒素が 310 倍，代替フロンが数千倍，6 フッ化硫黄が約 24 000 倍と非常に高い値となっている。しかし，現在一番大きな問題となっているのは二酸化炭素であり，これは，二酸化炭素の排出量がこれら温室効果ガスの中で圧倒的に多い (9 割以上) からである。

8.1.2　酸　性　雨

大気中の二酸化炭素が水に溶けるとその溶液の pH は 5.6 程度である。これより pH が下がると酸性雨といわれている。酸性雨は，大気中の硫黄酸化物や窒素酸化物から硫酸や硝酸が生成されて起るもので，これらの原因は大量に消費されている石化燃料によると考えられている。

このような酸性雨の被害は世界中で起きている。河川や湖においては1960年代以降，ヨーロッパや北米などで魚などを中心に被害を与えた。また，植物では針葉樹を中心に大きな被害を与えた。針葉樹は裸子植物で，胚が露出しているため種子が傷つきやすく，また，落葉しないので毒性が蓄積しやすいためとされている。動植物のみならず，建築物への被害も起きており，たとえば，アテネのパルテノン神殿，ローマの遺跡など重要文化財が崩れ落ちる被害や，大理石彫刻の傷みが激しくなるなどの被害も起きている。

8.1.3 オゾン層破壊

地球誕生時には，大気はほとんどが二酸化炭素と水蒸気であったといわれている。38億年前，水蒸気は地表の温度が下がるとともに雨になって地上に降り，海ができ，紫外線の届かない深さ10m以上の海中に藻が発生し繁殖した。藻は光合成により二酸化炭素と水からブドウ糖などの有機物をつくり，酸素が大量に生成され，生成した酸素は地表から広がり成層圏まで達してオゾン層が形成された。陸上で植物が繁栄した4億年前には，植物によって光合成が盛んに行われ，オゾン層はさらに拡大していった。

成層圏のオゾンは，生物にとって有害な紫外線を遮断している。しかしここ数十年，南極上空のオゾン量は減少の一途をたどり，オゾンホールが観測され，拡大している。

オゾン層の破壊の主な原因は，フロン (クロロフルオロカーボン：CFC) とよばれる有機化合物である。フロンの性質には，燃えない，毒性がない，無色透明で無臭，汚れを溶かす，熱に強い，等の性質があり，現代社会においては便利な物質として，世界各国で大量生産されてきた。また，フロンの寿命は100年前後と長いため，大気で暖められる，あるいは対流に乗ると上空に運ばれ，成層圏にまで達してオゾン層を破壊する。

オゾン層を破壊するCFCにもいくつかの種類に分けられ，また，CFC以外にもオゾン層を破壊する物質が知られている。

(1) オゾン層を破壊するフロンの種類

① **CFC**：塩素とフッ素と炭素からなる有機化合物で，オゾン層破壊の主因となる物質である。オゾン層破壊防止を目的として最初に規制されたフロンで，特定フロンとよばれている。冷蔵庫，業務用低温機器，カーエアコンなどの冷媒，発泡剤，洗浄剤，エアゾール噴射剤などに使用されていた。CFCの分子構造の一例をあげると，たとえばCFC–11は，図**8.2**に示すような

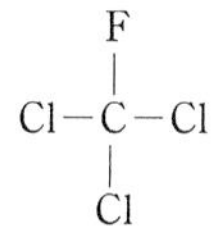
CFC-11

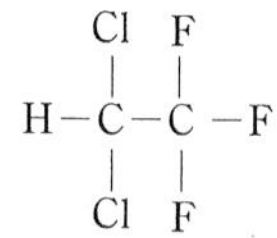
HCFC-123

図 **8.2**　フロン類の構造の一例

構造である。

② **HCFC**(ハイドロクロロフルオロカーボン)：①に水素 H を加えた有機化合物で，オゾン層破壊力は，CFC の 1/10～1/20 程度といわれている。冷蔵庫やルームエアコン等の冷媒や断熱発泡用，電子部品などの洗浄に使用されてきた。CFC の代替といわれていたが，温室効果が強く，オゾン層を破壊する力もあるため，全廃される方向にある。HCFC の分子構造の一例をあげると，たとえば HCFC–123 は，図 **8.2** に示すような構造である。HCFC–123 の化学名は 1,1–ジクロロ–2,2,2–トリフルオロエタンといわれる物質で，外観は無色透明の不燃性の液体である。高濃度ガスを吸入すると全身麻酔類似症状を起し，暴露濃度が高濃度となると，吐き気，頭痛を伴い，ひどい場合には，意識喪失や心停止などが起ることもあるとされている。

③ **HFC**(ハイドロフルオロカーボン)：水素，フッ素，炭素からなる有機化合物で，塩素を含まずオゾン層破壊がないので代替フロンとして使用されていたが，温室効果があるため，京都議定書では削減対象になっている。

(2)　フロンの類似物質

① **PFC**(パーフルオロカーボン)，六フッ化硫黄 (SF_6)：PFC は炭素とフッ素からなる有機化合物で，炭化水素の水素をすべてフッ素で置換したものをいう。たとえば，PFC の例として，パーフルオロメタン (CF_4) やパーフルオロエタン (C_2F_6) などがある。これらのガスは，半導体製造のエッチングなどに使用されていた。また，SF_6 は，硫黄とフッ素からなる化合物である。PFC，SF_6 ともに，フッ素が構造中に含まれるため，温室効果が大きく，京都議定書では削減対象になっている。

② 四塩化炭素，**1,1,1**–トリクロロエタン：温室効果，オゾン層破壊力があるため，すでに生産廃止となっている。四塩化炭素は図 **8.3** に示すような炭素と塩素からなる有機化合物で，水に溶け難く，常温では揮発性が高い無色透明の液体である。かつては，フロン類の溶剤や農薬などの原料に使用

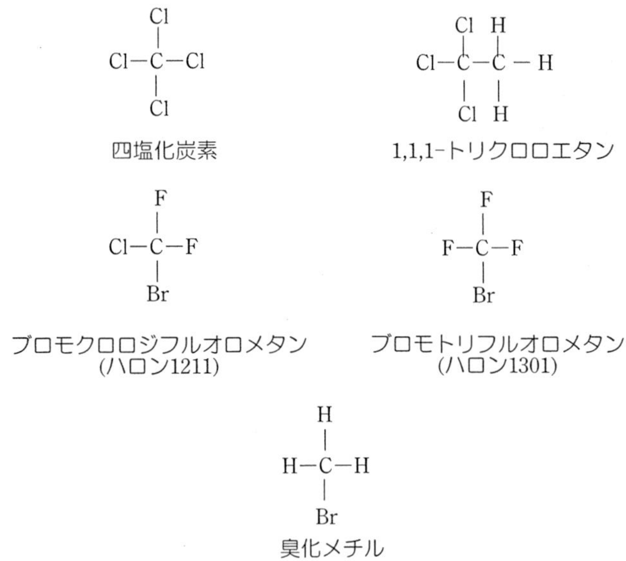

図 **8.3**　フロン類似物質の構造

されていた。1,1,1–トリクロロエタンは，図 **8.3** に示すように，塩素を含む有機化合物で，水に溶け難く，常温では揮発性が高い無色透明の液体である。かつては金属洗浄の用途で，電気・電子部品や精密機器など幅広い工業分野で使用されていた。

③ **ハロン，HBFC(ハイドロブロモフルオロカーボン)**：水素，フッ素，塩素，炭素からなる有機化合物 (フルオロカーボン) のうち，塩素の一部が臭素に置き換わったものがハロン類である。図 **8.3** にその一例を示す。ハロンは，化学的に安定で，不燃性であり②の四塩化炭素や，1,1,1–トリクロロエタンと異なり，毒性も低いことから消火剤として使用されていた。また，HBFC は，水素，フッ素，臭素，炭素からなる有機化合物 (フルオロカーボン) である。ハロン，HBFC ともに，フロン以上のオゾン層破壊効果があるため，ハロンは 1993 年，HBFC は 1995 年に生産廃止となった。

④ **臭化メチル**：臭素を有する有機化合物 (図 **8.3**) で，土壌殺菌剤や倉庫くん蒸剤として使用されてきたが，全廃される方向にある。

8.1.4 森林破壊

森林は，我々の生活にさまざまな役割を果している。たとえば，

① 光合成により二酸化炭素を吸収し，酸素をつくり放出する。
② 生物を養い，生態系を保持する。
③ 雨を降らせ，川を流して水を循環させる。木々の葉から水蒸気が蒸散し，水滴をつくる。
④ 土を作り保全する。土砂の移動や侵食を防ぎ，山崩れ，水害，潮害，風害，雪崩などを防止している。
⑤ 気温の変化を緩和する。水蒸気を蒸発させることで，夏には涼しく，冬には暖かくする働きがある。

森林が伐採されれば，吸収される二酸化炭素の量も減少する。たとえば，森林や雑木林を面積 1 ha 伐採すると，二酸化炭素の年間吸収量は 60 トン減少するといわれている。さらに，葉や幹や根が分解されて，二酸化炭素を 600 トン放出するともいわれている。地球上の森林は，毎年 1 300 万 ha も破壊されており (1997 年)，これにより，二酸化炭素を 112 億トン放出し，吸収量が 11.2 億トン減少する，つまり，合計 123 億トンの二酸化炭素が増加している。

8.1.5 砂漠化

地球規模で砂漠化は進行している。たとえば，サハラ砂漠の南側，サヘル地方では，50 年の間に，日本の面積の 1.7 倍が砂漠になったと報告されている。この他にも，ナイジェリアでは，ここ 100 年で森林が 90%減少し，アラル海では，海岸線が砂漠化により 40 km も後退し，さらには，中国の内モンゴルやウイグル自治区を中心に，国土の 10%が砂漠化しているとの報告もある。

砂漠化の原因は，大規模の森林伐採によるところが大きく，前述のように，砂漠の面積が急激に大きくなっている。砂漠化の原因は，大きく気候的要因と人為的要因に分けられるが，砂漠化に関与する割合は気候的要因が 13%，人為的要因が 87%といわれている。

砂漠化の人為的要因としては，過放牧，薪炭材の過剰採集，過開墾，不適切な水管理による塩類集積などがあげられる。不適切な水管理による塩類集積とは，粒子の細かな土壌に水を大量に散水すると毛細管現象により地下水位が上昇し，土壌中の塩分が溶けて土壌表面に塩類が析出することをいう。これらは，土壌の劣化や土地の生産力の減退をもたらしている。砂漠化の背景には，当該地域住民の

貧困と急激な人口増といった，社会・経済的な要因が存在しているともいわれている。

砂漠化を防止するには，まず，どの地域でどの程度砂漠化が進行しているのかという現状把握が必要で，現在では，航空写真のほか，人工衛星から送信された画像の解析が，砂漠化の現状把握に大きな威力を発揮している。

砂漠化防止への取り組みも検討されており，砂漠に植物を植える“砂漠の緑化”なども行われている。

水の少ない砂漠では，雨水などを効率よく植物に与えるための工夫や，少ない水でも育つ耐乾燥性や耐塩性の植物の育種なども行われている。

8.2 環境汚染

生活ごみや産業廃棄物などによる環境汚染や化学物質などの廃棄や漏洩などによる環境汚染が大きな問題となっている。

8.2.1 化学物質による環境汚染

(1) ダイオキシンによる環境汚染

ダイオキシンは，廃棄物を焼却あるいは化学物質の製造過程で発生する。ダイオキシンは，図 **8.4** に示すポリ塩化ジベンゾ–パラ–ジオキシン (PCDD) と，ポリ塩化ジベンゾフラン (PCDF) の総称であり，以下のような性質をもつ。

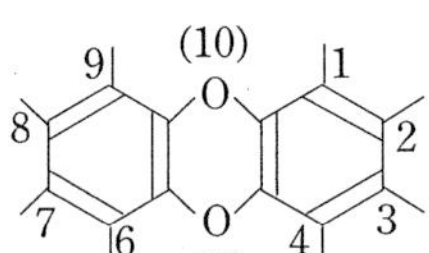

ポリ塩化ジベンゾ-パラ-ジオキシン
(PCDD)

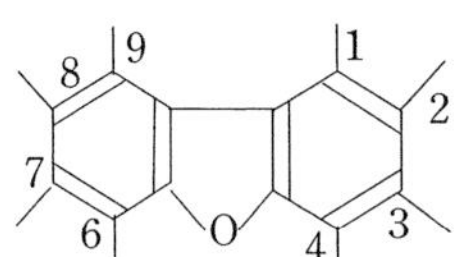

ポリ塩化ジベンゾフラン
(PCDF)

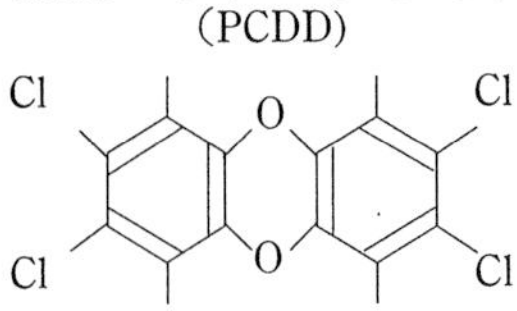

2,3,7,8-四塩化ジベンゾジオキシン

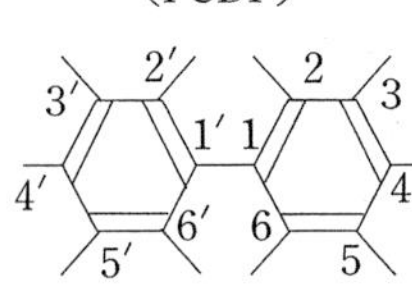

コプラナーPCB

(注) 番号の位置の一部に塩素が付く

図 **8.4** ダイオキシンの構造

- 非常に毒性が強く，わずかな量で死に至る。たとえば，図 **8.4** に示す PCDD の中で，もっとも毒性の高い 2,3,7,8–TCDD の場合，モルモットの体重 1 kg 当りの半数致死量 (その毒を摂取した生物の半数が死亡する量) は，0.6～2.1μg である。また，動物実験でごく微量でもがんや胎児に奇形を生じさせる性質をもっている。
- 常温では無色の固体で，水にはほとんど溶けず，脂肪には溶けやすい。つまり，体内の脂肪中に蓄積されやすい。
- 熱に強く，他の化学物質や酸などとも反応し難く，微生物でも簡単に分解されない。ただし，最近では，ダイオキシン類を分解する微生物が発見されたことが報告されている。

このようなダイオキシンの毒性の現れ方には，主に急性毒性と慢性毒性の 2 つがある。ダイオキシンは，この 2 つの毒性をあわせもっている。慢性毒性は体内に徐々に蓄積されることで，生殖器への悪影響 (生殖毒性)，遺伝子への悪影響 (遺伝毒性)，発がん性，内臓障害，などが指摘されている。

PCDD と PCDF にコプラナー PCB を加えてダイオキシン類と定義されている。図 **8.4** にコプラナー PCB の構造を示す。“コプラナー”とは“平面”を意味しており，$2,2'$ あるいは $6,6'$ が水素であれば平面構造になるが，塩素になると，水素よりも原子の大きさが大きいので平面構造をとれないため，コプラナー PCB には属さない。コプラナー PCB には，塩素の置換した数と位置によって数十種類の異なった分子構造の化合物が存在する。

これらダイオキシン類が発生する原因は，これまでにほぼ特定されており，大きく 3 つに分類される。

① 塩素を含む物質の燃焼：ごみの焼却など

② クロロフェノールや PCB のかかわる化学合成：農薬，殺菌剤，除草剤の製造など

③ 塩素系漂白や塩素系殺菌：パルプの製造，製紙工場，水道水の消毒など

ダイオキシン類は，発生源となる物質を低温で燃焼したときに発生しやすい。したがって，ダイオキシン類は 850°C 以上の温度で分解するので，それ以上の温度に制御された焼却炉を用いればダイオキシン類の発生は防ぐことができる。

(2) 内分泌撹乱物質 (環境ホルモン)

ダイオキシンを含めて，人間がつくり出した化学物質が人間の体内に入ると内分泌機能を撹乱し，体にさまざまな障害を引き起す。こうした化学物質を総称して環境ホルモンという。

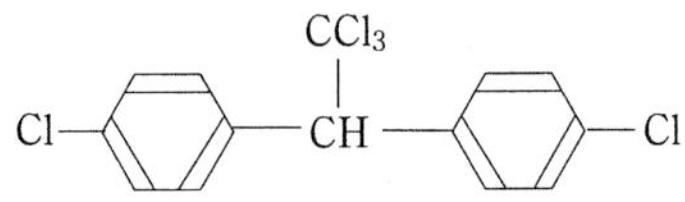

DDT
(p,p′-ジクロロジフェニルトリクロロエタン)

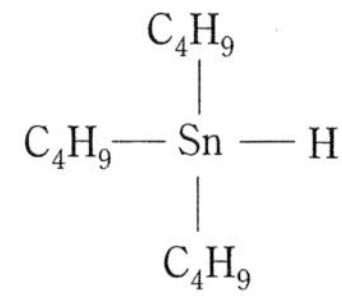

トリブチルスズ

図 **8.5** 内分泌撹乱物質の例

内分泌撹乱物質 (環境ホルモン) の特徴は，

- ホルモン，とくに性ホルモンを撹乱する，
- ppb($1/10^9$)，ppt($1/10^{12}$) という極微量濃度で作用する，
- とくに胎児に影響する，
- 生殖器に障害をもたらすことが多い，

などである。とくに，問題になっている新たな脅威は，生物の存続にかかわる生殖や発育への深刻な影響である。生物の種類によって表れる障害は異なるが，メスでは，性成熟の遅れ，生殖可能齢の短縮，妊娠維持困難・流産などで，オスでは，精巣萎縮，精子減少，性行動の異常等との関連が報告されている。

内分泌撹乱物質には，たとえば，**(1)** で述べたダイオキシンや，PCB の他に，図 **8.5** に示すような DDT(p, p′–ジクロロジフェニルトリクロロエタン) や，トリブチルスズなどがある。DDT は，かつて殺虫剤として使用されており，第 2 次世界大戦中は，腸チフスやペストなどの伝染病を運ぶシラミやハエ，蚊などの駆除に使用され，戦後も家庭や畑で殺虫剤として農業に用いられてきた。DDT の毒性と環境汚染の実態が明らかにされるにつれて使用が禁止され，国内でも，1971 年に使用が禁止された。トリブチルスズは，船底や養殖用の網に汚れが付着するのを防ぐために塗布された化学物質で，元来強い毒性があり，1990 年にその製造・輸入が禁止されている。

このほかにも，現在，内分泌撹乱作用が疑われている物質をあわせると，約 70 種類 (あるいはそれ以上) あるが，影響が不明なものがまだ多く，研究が進むことによりされに増えていくことが予想される。

8.2.2　廃棄物による環境汚染

廃棄物による環境汚染は，廃棄物の処理が適切な方法で行われなかったり，不法に投棄されたりして起る。とくに，前項で述べたように，化学物質による汚染が社会問題となっており，廃棄物の焼却時に発生するダイオキシン類，廃棄物の埋め立てにより漏洩する環境ホルモンなどの有害物質，精密工業の廃液による地下汚染，フロンなどによる大気汚染などがあげられる。これら化学物質による環境汚染は，最初はごく一部の地域での汚染であっても，化学物質が安定なものであれば，その汚染は地球規模にまで広がることもある。

廃棄物を大量に廃棄することは，廃棄物の処理に要するエネルギーやコストが大きくなる以外に，廃棄物処理時に発生する副生成物による環境汚染などさまざまな問題を引き起している。したがって，廃棄物の発生を抑制することが必要で，廃棄物の発生が少ない製品やリサイクル可能な製品など，環境に負荷の少ない製品の開発が求められている。

循環型社会の形成のため，廃棄物処理に関しては，

① 発生 (排出) の抑制 (Reduce)
② 再使用 (Reuse)
③ 再生利用 (Recycle)
④ 熱回収 (Thermal recycle)
⑤ 適正処分

というのが一般的な優先順位である。

8.2.3 リサイクルに関する法規制

循環型社会の形成のための法律が制定されている。基本となるのが「循環型社会形成推進基本法」であり，廃棄物・リサイクル対策を，総合的かつ計画的に推進するための基盤を確立することを目的としている。さらに，リサイクルの促進を目的とした「資源有効利用促進法」や，廃棄物の適正処理を目的とした「廃棄物処理法」がある。前者は，特定の製品に使用済みの部品を新製品に取り入れて再使用することや，余分な部品を使用せずに省資源化設計を行うことをメーカーに義務づけたものであり，後者は，廃棄物を排出した企業が処理業務を別の企業に委託した際に，不適正処理や不法投棄を行った場合，排出企業にも罰則や修復の義務を負わせるものである。また，製品やサービスを購入する際に，環境への負荷ができるだけ少ないものを選んで購入することを“グリーン購入”といい，供給側の企業にも環境負荷の少ない製品の開発を促す法律を“グリーン購入法”という。これ以外にも個別物品の特性に応じた法規制が設けられており，

- 容器包装リサイクル法
- 家電リサイクル法

- 食品リサイクル法
- 建設リサイクル法
- 自動車リサイクル法

などがある。

このうち，容器包装リサイクル法は，廃棄物のうち，PET ボトルやプラスチック容器などの包装材料を資源として再生利用することを法律で定め，消費者・自治体・事業者の 3 者が，おのおの責任分担を明確にして，廃棄物の減少に努めるよう義務付けたものである。スチール缶，アルミ缶，紙パック，ガラス瓶，PET ボトル，その他，プラスチック容器包装，その他紙製容器包装，段ボール，の合計 8 品目で，現在，消費者が排出するほとんどの容器包装がこの法律の分別収集の対象となっている。

家電リサイクル法は，テレビ，エアコン，冷蔵庫，洗濯機の家電 4 品目を対象に，消費者は，再商品化などに要する費用の一部を負担し，企業には，再商品化を義務付けたものである。

食品リサイクル法は，外食産業などの食品関連産業から排出される生ごみや残飯などの食品廃棄物について，飼料や肥料などの再資源化を義務付けたものである。

建設リサイクル法は，コンクリート，アスファルト，木材などの建築資材について，解体業者にその分別解体や再資源化を義務付けたものである。

自動車リサイクル法は，使用済みの自動車 (廃車) から排出される資源を，リサイクルにより環境負荷を低減するための法律である。具体的には，エアコンの冷媒として使われているフロンガス，エアバッグ類，シュレッダーダスト (自動車を破砕した際に生じる破砕ごみ) がリサイクル対象である。

8.2.4　環境修復技術

生活環境には人体に有害な化学物質が存在しているものの，我々はそれらを意識せずに生活している。現在では，人体に害のある化学物質がどこで，どの程度使用され，環境中にどのくらい放出されているのかについての具体的なデータを情報公開する制度 PRTR(Pollutant Release and Transfer Register：環境汚染物質排出移動登録) が導入されている。

身近にある有害な化学物質を浄化するには，どのような方法があるのだろうか。

(1)　高温焼却法

ダイオキシン類や PCB(ポリ塩化ビフェニル) などの難分解性の有機化学物質は，高温で焼却することにより分解され，無害化される。前述のように，ダイオキシン類は 850°C 以上，PCB は 1 100°C 以上の高温で焼却処理される。

(2) 光を利用した分解技術

光のエネルギーにより難分解性の有機化学物質を分解する技術も開発されている。PCB は，アルカリと混合して紫外線を照射することで分解されることが知られている。また，ダイオキシンに光を照射すると，光のエネルギーによりダイオキシン類の塩素がその骨格から外れ，ダイオキシンの毒性が大きく低減される。

また，ダイオキシンなどの有害物を無害化するには，強力な酸化剤を用いて化学的に酸化，分解する方法がある。酸化剤としてオゾンを利用する技術があり，紫外線照射とあわせて処理を行うと，分解効率が向上する。

(3) 触媒を用いた分解技術

金属などの触媒を用いることで，ダイオキシンや PCB を分解する技術も開発されている。約 1 400°C の高温で溶かした金属中に酸素と PCB を加えると，金属が触媒となり，一酸化炭素や水素に分解されることが知られている。また，ダイオキシンで汚染された土壌に重曹を加えて，350～400°C で加熱すると，ダイオキシン類の塩素が除去される。重曹は，ダイオキシンの分解触媒となっており，アルカリ性であることから，アルカリ触媒化学分解法ともいわれている。

(4) 微生物を利用した分解技術

環境に出た化学物質は，生物 (主に微生物) によって分解されるものがある。これを生分解という。生分解を受けない，あるいは受け難い物質は，環境中に残留しやすい。ダイオキシン類を効率よく分解する微生物が見つかれば，それを用いれ汚染浄化することができる。微生物がもつ化学物質分解能力を利用して有害汚染物質を除去することを，バイオリメディエーション (生物による環境修復技術) という。バイオリメディエーションは，PCB やダイオキシンのほか，トリクロロエチレンやテトラクロロエチレンなどの，揮発性有機化合物 (VOC) などにより汚染された地下水や土壌の浄化に応用される。VOC は，かつてクリーニング工場や電子部品工場などで使用されており，土壌中に広く深く浸透して汚染範囲が広がりやすい。

(5) 超臨界水を利用した分解技術

物質は，温度を上げていくと液体は気体に変化する。また，圧力を上げていくと気体は液体に変化する。圧力と温度を同時に上げると，固体でも液体でも気体でもない超臨界状態になる。気体では，分子 1 つ 1 つが束縛されずに自由に動いているが，超臨界状態では，分子の集団が気体と同様に自由に動いている。水の場合は，水を 374°C で 220 気圧にすると超臨界流体になり，液体と気体の両方の性質をもつようになる。液体のように大きな分子のままで，かつ，気体のように自由に分子が動く。分解しにくい物質に対して，分子の有する大きなエネルギーで衝突するため，物質中の結合を切断し，化学反応を起して新しい物質をつくることができる。

たとえば，超臨界流体に廃プラスチックやフロン，PCB などの有害な有機物を加えると，激しい分子の動きで分解される。PET ボトルを超臨界水に入れると，5 分ほどで完全に分解され，モノマーになり，原料であるテレフタル酸を回収することもできる。

(6) プラズマを利用した分解技術

プラズマとは，分子が正の電荷をもつイオンと負の電荷をもつ電子に分解された荷電粒子が共存して，電気的に中性になっている物質の状態をいう。酸素プラズマをつくると，反応性の非常に高い原子状酸素ができ，きわめて高い反応性 (酸化力) を有するので，これを利用して，PCB やフロンなどの難分解性の物質を分解できる。また，フロンと水蒸気を加えた高周波プラズマによりフロンを分解する技術や，フロンと水蒸気にマイクロ波プラズマを照射して分解すると，分解後に生成されるフッ化水素 (HF) と塩化水素 (HCl) は消石灰により中和され，害のないホタル石として取り出すことができる技術も開発されている。

8.3 環境材料

環境材料は，材料やその製造プロセスなどが環境に与える負荷の少ないもの，自然環境の保全に寄与するもの，エネルギーを有効利用することのできるものなどを指し，材料の寿命を延ばすことで，環境負荷を低減するものや使用後のリサイクル性能の高いものなどが該当する。したがって，環境材料に属する材料は多数存在するが，ここでは，金属，セラミックス，高分子の環境材料について代表例を紹介することとする。

8.3.1 金属環境材料

金属材料の中でも，鉄はもっとも多く使用されている材料である。鉄の強度と寿命を向上させることにより，鉄を新たな環境材料としてとらえることができる。超鉄鋼は，自動車のボディやビルなどの建築に使用されている従来の鉄鋼に比べて，強度，寿命とも 2 倍にすることを目的とした次世代の新鉄鋼である。

鉄の高強度化を図る上で，よく用いられてきた手法が合金化である。たとえば，機械的性質に優れた鋼が必要な場合は，Ni(ニッケル) や Cr(クロム)，Mo(モリブデン) などの合金元素を添加することで，強化することができる。しかし，合金化することは鋼のリサイクルの観点では，好ましくない。合金化以外に高強度化を図る手法は，どのようなものがあるのだろうか。

たとえば，鋼の結晶粒径を微細化することにより強度を上昇させることが可能である。結晶粒径と強度の関係は，ホール・ペッチの式 (またはペッチの式)，

$$\sigma_Y = \sigma_i + k_Y \cdot d^{-1/2} \tag{8.1}$$

で表される。ここで，σ_Y は降伏応力，σ_i は単結晶の平均降伏強度であり，結晶粒内の内部応力に関係する項で，d は結晶粒径，k_Y は定数である。結晶粒径 d を小さくする，すなわち微細化することによって強度を向上させることが可能である。

8.3.2　セラミックス環境材料

セラミックスは人工的につくられたものだけでなく，天然に存在するものを使用することが検討されている。ここでは，とくに環境材料として，生物がつくり出す無機化合物について述べる。自然界の生物がもつ無機化合物を人工的に合成することができれば，廃棄の際にも自然環境に適応したものになる。生物が，自身の体の内外に鉱物 (無機化合物) をつくりだすことをバイオミネラリゼーション (Biomineralization；生体鉱物形成作用) という。たとえば，人間の歯や骨もバイオミネラリゼーションの産物であり，リン酸カルシウム ($Ca_{10}(PO_4)_6(OH)_2$ でできている。また，エビなどの甲殻類は，植物の光合成とは別の仕組みで二酸化炭素を取り込み，固定化して炭酸カルシウム ($CaCO_3$) をつくり出している。

前述のように，人間の歯や骨の成分は，リン酸カルシウム (アパタイト) であるが，生体の骨や歯を構成するリン酸カルシウム (生物アパタイト) は，化学量論アパタイト ($Ca_{10}(PO_4)_6(OH)_2$) とは若干異なって，Ca が若干欠損している ($Ca_{10-x}(HPO_4)_x(PO_4)_{6-x}(OH)_{2-x} \cdot nH_2O$；$0 < x \leqq 1$) 。アパタイトは，Ca 欠損を含んでいてもアパタイト構造を保持しており，そのため，種々の無機物や欠損が取り込まれやすい。Ca 欠損アパタイトは，化学量論アパタイトと異なり，組成制御するのが難しく，熱分解するので成形が難しい。

化学量論アパタイトは，合成が容易で，生体活性，生体高分子の分離や精製，重金属の補足や触媒などに利用可能であり，これらの特性は，Ca 欠損性と密接にかかわっているものとされている。したがって，生物アパタイトに特異的な Ca 欠

損性の解明とその合成法への取り組みが行われ，環境浄化材料としての利用の試みがなされている。

8.3.3　高分子環境材料

プラスチックは，1年間に全世界で1～1.5億トンも生産されているといわれており，そのほとんどが，石油や天然ガスなどの化石燃料を原料として化学合成されたものである。これらプラスチックは，廃棄の際，環境汚染を招くとともに，焼却の際に有害なガスを発生し，環境を汚染することもある。プラスチック産業が今後も発展し続けるためには，プラスチックのリサイクル技術の開発とともに，生分解性プラスチックを開発して，環境負荷を低減する必要がある。

生分解性プラスチックは，使用時は，従来のプラスチックと同等の機能をもち，廃棄されると，土中または海水中などの微生物により分解され，最終的に水と二酸化炭素になるプラスチックのことをいう。

一般に，高分子材料の微生物による分解は，まず，微生物の分泌する菌体外酵素により高分子鎖のエステル結合，グリコシド結合，ペプチド結合などの化学結合が加水分解を受け，低分子化する。この過程では，太陽光(主に紫外線)や熱により分解が促進されることもある。これにより，高分子の形状が崩壊することでさらに分解酵素による分解を受けて，単量体や二量体などの低分子物質を経て，微生物の体内に取り込まれて代謝される。最終的には，好気的条件では炭酸ガスに，

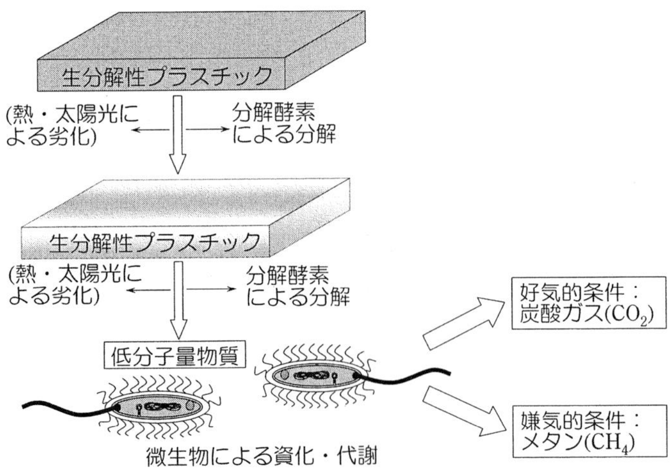

図 8.6　生分解性プラスチックの分解

嫌気的条件ではメタンに変換され，排出される (図 **8.6**)。

生分解性プラスチックは材料・製造方法などから大きく分けて，微生物生産高分子，天然高分子，化学合成高分子の 3 種に分類される。

(1) 微生物生産高分子

微生物の中には，代謝によりポリエステルを生産し，体内に貯蔵するものがある。このプラスチックをバイオポリエステルといい，ポリ (3–ヒドロキシアルカン酸)(P(3HB)) (図 **8.7**) などがある。植物や微生物などがつくる高分子物質 (多糖やタンパク質など) は，ほとんどが熱可塑性はなく，プラスチックとして成形加工し利用するには難しい。これに対して，P(3HB) などのバイオポリエステルは，熱可塑性を有する生分解性ポリマーである。P(3HB) は，融点 177°C の結晶性のポリマーで，引張り強度は高いものの破断伸びが小さく，硬くて伸び難く，加工し難いという欠点があった。

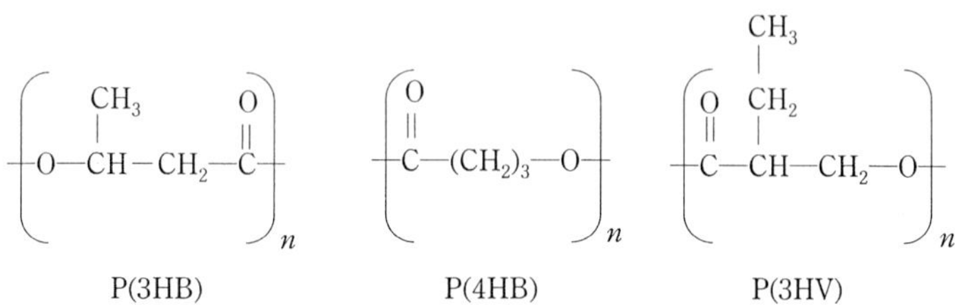

図 **8.7**　バイオポリエステル

3–ヒドロキシ吉草酸 (3HV) や 4–ヒドロキシ酪酸 (4HB) (図 **8.7**) などとの共重合体ポリエステルの製法が発見されると，これらバイオポリエステルの共重合組成を変えることにより，結晶性の硬いプラスチックから弾性に富むゴムまで，種々の物性を示す高分子材料をつくることが可能になり，高い強度を有する糸や透明なフィルムなどにも加工できるようになった。たとえば，イギリスの ICI 社は，Alcaligenes eutrophus という微生物を利用して，グルコースとプロピオン酸から，発酵法により共重合ポリエステル“バイオポール®”を製造，販売している。

ポリエステルの他にポリ (γ–グルタミン酸) や，ポリ (ϵ–リジン) などのポリアミノ酸も，環境調和性を有する生分解性高分子材料として注目されており，微生物による発酵法などにより生産されている。

(2) 天然高分子

植物由来の天然高分子であるデンプンやセルロース，タンパク質，あるいは，エビやカニなどの甲殻類由来の天然高分子であるキチンやキトサン (図 **7.3** 参照) などを利用した生分解性プラスチックがあり，これら天然高分子は，生分解性プラスチックの中でも，比較的初期から研究されてきた。以下，デンプン系のプラスチックについて簡単に述べることにする。

デンプンは，それ自身では流動性がなく，可塑性がない。デンプンを変性処理して，これに適当な他の生分解性プラスチックとブレンドして，熱可塑性を付与している。ノバモント社(イタリア)が開発した“マタービー®”やワーナー・ランバート社(アメリカ)が開発した“ノボン®”などがある。デンプン系プラスチックは，一般に，水分を吸収しやすく，物性は使用環境によって大きく左右される場合がある。また，デンプン系プラスチックは，微生物との親和性が高く，土壌中で分解されやすいという特長をもつ。

(3) 化学合成高分子

一般に，化学合成高分子は，微生物による分解を受けない。しかし，ポリ乳酸(PLA)やポリ(ϵ–カプロラクトン)(PCL)(図 **8.8**)などの脂肪族ポリエステルや，ポリビニルアルコールやポリエチレングリコールなどの水溶性高分子は，微生物により分解を受けることが知られている。

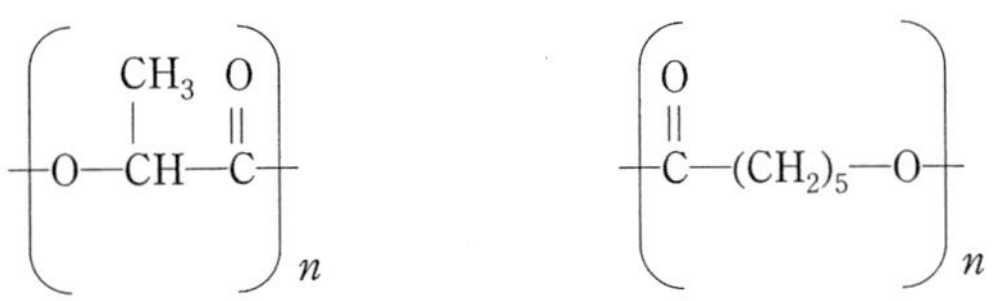

図 **8.8**　合成高分子系生分解性高分子

PCLは，融点60°Cの結晶性高分子であり，低融点であるため耐熱性に乏しく，単独で用いられることはあまりない。したがって，他の生分解性ポリエステルなどとのブレンドにより，融点を向上させて使用している。

PLAは，とうもろこしデンプンなどを乳酸発酵させてつくられる結晶性熱可塑性高分子である。PLAは，透明性が高く，剛性に優れ，ポリスチレン(PS)やポリエチレンテレフタレート(PET)に近い透明性や剛性を有している。一方，ガラス転移温度が60°Cで比較的室温に近いため，熱変形しやすく，耐衝撃性が低いという欠点もある。これらの欠点は，延伸加工により改善され，延伸フィルムや繊維などに延伸加工されたPLAは実用性が高い。

◎文献

1) 朝倉健二，橋本文雄：機械工作法，共立出版 (2001)
2) 松尾哲夫，末永勝郎・立川逸郎・幡中憲治・福永秀春：機械材料，朝倉書店 (1984)
3) 日本金属学会編：金属便覧，丸善 (1986)
4) 矢島悦次郎，市川理衛，古沢浩一，宮崎亨，小坂井孝生，西野洋一：第 2 版/若い技術者のための機械・金属材料，丸善 (2002)
5) 塩谷義 (編著)：先進機械材料，培風館 (2002)
6) 鈴村暁男，浅川基男 (編著)：基礎機械材料，培風館 (2002)
7) 日本化学会編：化学便覧 (改訂 5 版) 基礎編，丸善 (2003)
8) 日本化学会編：化学便覧 (改訂 6 版) 応用化学編 I，丸善 (2002)
9) 日本化学会編：化学便覧 (改訂 6 版) 応用化学編 II，丸善 (2002)
10) 機械部品のファインセラミックス化技術—設計と導入—：ミマツデータシステム (1987)
11) ニューセラミックス懇話会 (編著)：セラミックスの超精密加工，日刊工業新聞社 (1982)
12) 岡村弘之，井形直弘，堂山昌男 (編著)：材料科学 1—材料の微視的構造，培風館 (2000)
13) 岡村弘之，井形直弘，堂山昌男 (編著)：材料科学 2—材料の強度特性，培風館 (2000)
14) 岡村弘之，井形直弘，堂山昌男 (編著)：材料科学 3—材料の電子物性，培風館 (2000)
15) 伊保内賢，清水明，増田定雄：ポリマーフィルムと機能性膜，技報堂出版 (1991)
16) 14102 の化学商品，化学工業日報社，(2002)
17) 林紘三郎：先端材料の基礎知識，オーム社，127(1993)
18) 速水諒三：セラミックス接着・接合技術，CMC(1985)
19) 大澤善次郎：入門　高分子化学，裳華房 (1996)
20) 宮田幹二，戸嶋直樹 (編著)：高分子化学，朝倉書店 (2005)
21) 日本学術振興会薄膜第 131 委員会編：薄膜ハンドブック，オーム社 (1986)
22) 金持徹：真空技術ハンドブック，日刊工業新聞社 (1990)
23) 高橋清：半導体工学—半導体物性の基礎，森北出版 (1993)
24) 明石和夫，服部秀三，松本修：光プラズマプロセッシング，日刊工業新聞社 (1986)
25) 応用物理学学会編：応用物理ハンドブック，丸善 (1990)
26) エコマテリアル研究会：エコマテリアル学，日科技連出版社 (2002)
27) 山本良一編：地球にやさしい材料革命—エコマテリアルのすべて，日本実業出版社 (1994)
28) 白石信夫，谷吉樹，工藤謙一，福田和彦 (編著)：バイオプラスチックのすべて—地球環境の保全にむかって，工業調査会 (1993)

◎索引

【A–Z】

Acrylonitrile–butadiene–styrene(ABS) *66*
Acrylonitrile–styrene(AS) *66*
Al_2O_3(アルミナ) *33*
Al_2O_3–SiO_2 系化合物 (ムライト) *33*
Al_2TiO_5(チタン酸アルミニウム) *41*
AlN(窒化アルミニウム) *34*
annealing(焼なまし) *8*
ArFRP(アラミド繊維強化プラスチック) *88*
AS(Acrylonitrile–styrene) *66*
austenite(オーステナイト) *1–3*

B_4C(炭化ホウ素) *36*
BeO(ベリリア) *34*
Biomineralization(生体鉱物形成作用) *172*
BN(窒化ホウ素) *35*

CFC *161*
CFRP(炭素繊維強化複合プラスチック) *87*
CZ(Czochralski) 法 *117*

DDT(p, p′–ジクロロジフェニルトリクロロエタン) *167*

ECR(電子サイクロトロン共鳴) *136*
Elinvar(エリンバー) *18*
ETFE *67*

Fe_3C(セメンタイト) *3*
FEP *67*
ferrite(フェライト) *1–3*
Floating–Zone 法：FZ 法 (浮遊帯法) *117*
FRP(繊維強化プラスチック) *83*
FZ 法 (浮遊帯法) *117*

GFRP(ガラス繊維強化プラスチック) *83*
Griffith criterion(グリフィスの式) *39*

HBFC(ハイドロブロモフルオロカーボン) *163*
HCFC(ハイドロクロロフルオロカーボン) *162*
HEMA(ヒロドキシエチルメタクリレート) *150*
HFC(ハイドロフルオロカーボン) *162*
HIPS=High Impact Polystyrene *65*
Hydroxyapatite(ハイドロキシアパタイト) *145*

Inconel(インコネル) *18*
Invar(インバー) *18*

$Li_2O \cdot Al_2O_3 \cdot SiO_2$(LAS) *41*

MAS($MgO \cdot Al_2O_3 \cdot SiO_2$) *41*
Maxwell model(マックスウェルモデル) *56*
MBE(Molecular Beam Epitaxy) 法 *119*
MC ナイロン *69*
MgO(マグネシア) *34*
$MgO \cdot Al_2O_3 \cdot SiO_2$(MAS) *41*
MOCVD(Metal 0rganic Chemical Vapor Deposition) 法 *120*
Mo–Mn 法 *101*
MOS *115*

normalizing(焼ならし) *8*
n 型半導体 *112*

P(3HB)(ポリ (3–ヒドロキシアルカン酸)) *174*
PAN(ポリアクリロニトリル) *80*
PCDD(ポリ塩化ジベンゾ–パラ–ジオキシン) *165*
PCDF(ポリ塩化ジベンゾフラン) *165*
PCL(ポリ (ϵ-カプロラクトン)) *175*
PCTFE *67*
PE(ポリエチレン) *63*
PEEK(ポリエーテルエーテルケトン) *75*
PES(ポリエーテルサルホン) *72*
PFA *67*
PFC(パーフルオロカーボン) *162*
PI(ポリイミド) *73*
PLA(ポリ乳酸) *175*
PMMA(ポリメチルメタクリレート) *150*
pn 接合 *113*
Pollutant Release and Transfer Register：環境汚染物質排出移動登録 (PRTR) *169*
poly(ether sulfone)(PES=ポリエーテルサルホン *72*
poly(ethylene terephthalate)(PET=ポリエチレンテレフタレート) *69*
poly(phenylene sulfide)(PPS=ポリフェニレンサルファイド *73*
polycarbonate(ポリカーボネート) *70*
Polyether ether ketone)(PEEK=ポリエーテルエーテルケトン *75*
Polyimide(PI(ポリイミド) *73*
Polymethyl methacrylate(ポリメチルメタクリレート) *66*
polysulfone(PSF(ポリサルホン) *71*
PPS(ポリフェニレンサルファイド) *73*
PSF(ポリサルホン) *71*
PSZ(部分安定化ジルコニア) *34，37*
PRTR(環境汚染物質排出移動登録) *169*
PTFE *67*
PVDF *67*
PVF *67*
p 型半導体 *112*

quenching(焼入れ) *6*
reinforcing element(強化材) *79*

RIE(反応性イオンエッチング) *136*

SF_6(六フッ化硫黄) *162*
Si_3N_4(窒化ケイ素) *34，50*
SiAlON(サイアロン) *31，35*
SiC(炭化ケイ素) *35，50*
SiO_2(二酸化ケイ素) *33*

tempering(焼戻し) *7*
TiC(炭化チタン) *36*
TiN(窒化チタン) *35*

Vectra®(ベクトラ) *77*
Voigt model(フォークトモデル) *57*

WBL：Weak Boundary Layer *106*

Xydar®(ザイダー) *77*

YAG *37*

ZrO_2(ジルコニア) *33*

【あ】

アイゾット衝撃試験 *61*
亜鉛 *19*
アクティブマトリックス駆動 *139*
アクリル酸エステル系接着剤 *94*
圧延加工 *22*
圧子圧入法 *44*
圧縮強さ *42*
亜共析鋼 *2*
穴あけ *26*
アラミド繊維強化プラスチック (ArFRP) *88*
α 型チタン合金 *15*
$(\alpha+\beta)$ 型チタン合金 *14*
α–鉄 (フェライト，ferrite) *1–3*
アルマイト *12*
アルミナ (Al_2O_3) *33，50*

【す，せ】

【そ】

【た】

【ち】

【て】

【と】

【な】

【に】

【ぬ，ね】

【は】

【ひ】

【ふ】

【へ】

【ほ】

【ま】

【む，め，も】

【や】

【ゆ，よ】

【ら，り】

【れ，ろ】

【著者紹介】

岩森（いわもり）　暁（さとる）　博士(工学)

1987年　東京工業大学大学院総合理工学研究科修士課程修了
1987年　三井東圧化学株式会社入社
2002年　金沢大学助教授（工学部人間・機械工学科）

研究テーマ

・金属・セラミックス・高分子材料を用いた機能性膜材料の開発と機械特性の評価
・高分子の表面改質，加工技術に関する研究

主要著書

・高分子表面加工学—表面改質・加工・コーティング—，技報堂出版，2005年（単著）
・Polymer Surface Modification and Polymer Coating by Dry Process Technologies，RESEARCH SIGNPOST(India)，2005年 (編著)
など

機械材料の物性と応用　　定価はカバーに表示してあります.

2006年7月25日　1版1刷　発行
2018年3月 8日　1版4刷　発行

ISBN978-4-7655-3260-0 C3053

著　者　岩　森　　暁
発行者　長　　滋　彦
発行所　技報堂出版株式会社
〒101-0051
東京都千代田区神田神保町 1-2-5
電　話　営業　(03) (5217) 0885
　　　　編集　(03) (5217) 0881
F A X　　　　(03) (5217) 0886
振 替 口 座　　00140-4-10
http://gihodobooks.jp/

日本書籍出版協会会員
自然科学書協会会員
土木・建築書協会会員

Printed in Japan

装幀　冨澤　崇　　印刷・製本　デジタルパブリッシングサービス